결혼,
뒤집어 집어 말어?

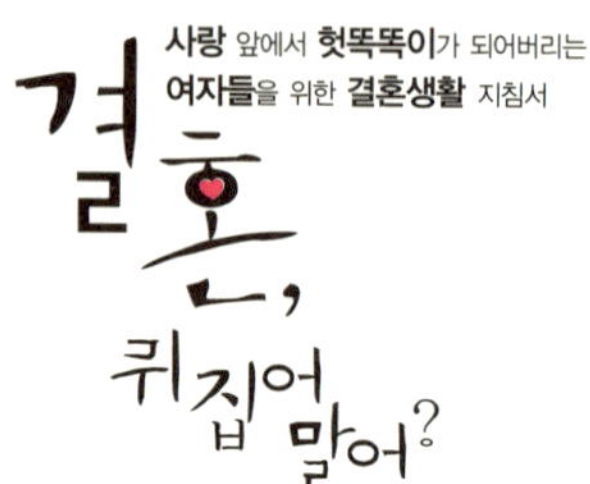

초판 1쇄 발행 | 2007년 10월 5일

지은이 | 김낭
펴낸이 | 김선식
펴낸곳 | 팝콘북스
출판등록 | 2005년 12월 23일 제313-2005-00277호

PM | 박혜진
기획편집1본부 | 신혜진, 최소영, 김계옥, 김상영, 임영묵, 박경순, 신현숙, 정지영, 선우지운
기획편집2본부 | 배소라, 유경미, 박호진, 이선아
저작권팀 | 이정순
마케팅본부 | 유민우, 곽유찬, 민혜영, 이도은, 박고운, 한보라
커뮤니케이션팀 | 우재오, 서선행, 김다우, 강선애
디자인팀 | 김희림, 이동재
경영지원팀 | 방영배, 허미회, 김미현, 이경진
외주스태프 | 일러스트 김해진, 본문조판 정희정, 교정 최창욱

주소 | 서울시 마포구 염리동 161-7번지 한청빌딩 6층
전화 | 02-702-1724(기획편집) 02-703-1723(마케팅) 02-704-1724(경영지원)
팩스 | 02-703-2219
e-mail | dasanbooks@hanmail.net
홈페이지 | www.dasanbooks.com

표지 · 본문 출력 | 엔터
종이 | 신승지류
인쇄 · 제본 | 주식회사 현문

값 | 11,000원
ISBN | 978-89-92555-45-6 03590

사랑 앞에서 **헛똑똑이**가 되어버리는
여자들을 위한 **결혼생활** 지침서

결혼, 뒤집어 엎지 말어?

팝콘북스

갓 결혼한 후배를 만나 얘기를 나누다 결혼에도 자격증 같은 걸 발부해야 한다는 농담을 주고받게 되었다. 아니면 아카데미 같은 걸 만들어서 결혼식 날짜를 잡으면 누구나 의무적으로 정해진 수업을 이수해야 결혼식장에 들어갈 수 있게 하자는 등의 실없는 얘기를 한참이나 나누다 돌아왔다.

후배의 푸념인즉슨, 사랑하는 사람과 결혼한 것이 분명한데도 도무지 결혼생활에 적응이 안 돼 행복감을 못 느끼겠다는 것이다. 그래서 이런저런 생각과 고민을 거듭한 끝에 결국 자신이 너무 준비 없이 결혼했다는 결론에 다다랐단다. '결혼식' 준비야 날짜 잡는 순간부터 시작해 몇 달을 해왔지만, 정작 중요한 '결혼생활'에 대한 마음의 준비에는 전혀 신경을 못 썼다는 것이다.

결혼생활이란 게 어릴 때 젖어 있던 꿈이나 생각처럼 재미나거나 만만한 게 아니라는 건 누구나 알고 있지만, 막상 결혼식장에 들어서는 사람 중 상당수는 결혼생활에 대한 마음의 준비가 전혀 안 되어 있는 게 사실이다. 물론 나도 예외는 아니어서, 오랫동안 별 생각 없이 결혼생활을 해왔다. 그러다 보니 좌충우돌 부딪치는 일만 많고 마음속이 고요할 날이 없었다. 그런데 어느덧 결혼 10년차에 접어들고 보니 저절로 알게 되는 정답들이 하나둘 늘어 가는 것 같다.

결혼이란 신혼집 마련하고 살림살이 채우고, 예쁜 웨딩드레스 입고 결혼식장에 들어서면 끝나는 즐거운 이벤트가 아니다. 결혼이란 우리 인생을 송두리째 뒤바꿀 만한 일생일대의 사건이다. 많은 시간과 비용을 들여 준비해야 함은 물론, 수많은 사람들과의 관계나 심리적인 성숙 등 인생을 더 넓고 깊은 관점에서 바라보는 시각을 길러야 성공적으로 수행해 낼 수 있는 까다로운 과업이다.

문제의 발단은 이 까다롭고 거대한 과업에 리허설이 없다는 데 있다. 행복한 결혼생활을 영위할 것인가, 고달픈 시집살이에 허덕일 것인가를 선택하기도 전에 현실은 밀물처럼 밀려와 발목을 적시고, 이내 무릎을 묶어 버린다. 이때 정신 똑바로 차리지 않으면 모든 것이 망가진 실타래처럼 엉켜 버리게 된다. 결혼 전 2~3개월과 신혼 초 3~4개월, 이렇게 6개월 정도의 시간을 계기로 우리의 인생은 완전히 달라진다. 결혼은 그만큼 삶의 거대한 충격이며 결정적인 변화의 포인트인 것이다.

바로 이 시기에 결혼의 환상에 젖어 현실감을 잃고 헤매다가는 죽도 밥도 안 된다. 똑똑하고 현명하게 처신해야 행복한 결혼생활과 달콤한 인생을 동시에 거머쥘 수 있다. 그러기 위해서는 적당히 이기적일 필요가 있다. 나 자신을 추스르지 못하는 사람은 제대로 사랑할 수 없기 때문이다. 어설프게 착한 여자, 착한 며느리 노릇하다가는 제 발등 제가 찍는 꼴이 되고 만다. 우리처럼 평범한 여자들이 평생 남을 위해 산다는 것은 애초에 불가능하기 때문이다.

그래서 나는 나와 내 주변 사람들의 경험을 바탕으로 남편이나 시댁 식구들, 또 새로운 생활과 부딪치지 않고 행복한 결혼생활을 즐기기 위한 현실적인 지침들을 정리해 보기로 했다. 내가 10년씩이나 걸려 얻은 것을, 후배들은 조금이라도 일찍 깨달아 시행착오나 마음의 고통을 줄이기를 바라는 마음에서다. 물론 이

책에 결혼생활을 행복하게 만들어 줄 엄청난 비법이 들어 있는 것은 아니다. 다만, 늘 당신 편이고 당신을 사랑하는 언니가 있다면 꼭 해줄 법한 이야기들을 담으려 노력했다.

결혼을 앞두고 겪게 되는 수많은 갈등과 고민, 막연한 두려움과 현실적인 난관, 여자라면 누구나 경험하는 소위 '예비신부증후군'에서 결혼 초기 반드시 치러야 하는 통과의례적 '허니문 트러블'까지, 내가 겪었고 수많은 여자들이 겪고 있는 비슷한 문제들을 해결하고 예방하는 데 조금이라도 도움이 되기를 바란다.

2007년 9월

김낭

Contents

정말이지? 진짜지 자기~
사실 고딩 때 첫키스 해보고...
당신 만나기 전 딱 한번 연애해 봤어~
오늘밤은
이 누나가 다 용서해줄테니
다 이야기해 봐. 정말 내가
첫사랑이야?
나 떨고 있니?

Part 1

날 잡는 순간
혼란은 시작된다

막상 결혼식 날짜를 잡고 보니 모든 일이 생각과는 다르게 펼쳐진다.
평생을 함께할 만한 친구요, 동반자라고 생각했던 그는
전혀 다른 사람이라도 된 것처럼 갑자기 남자 노릇에, 어른 행세를 하려 든다.
게다가 아직 적응도 안 된 그의 가족은 벌써 시집살이를 준비하며 덤벼든다.
이 결혼, 정말 잘하는 것일까? 더 늦기 전에 이쯤에서 뒤집어야 되는 거 아냐?
모든 것이 혼란스럽기만 하다.

즐겁기만 해야 할 결혼이 왜 이렇게 불안하고 혼란스러운 걸까?

이 사람이
내 운명의 상대일까?

삼신할미가 사람을 세상에 내보낼 때는 운명의 상대와 보이지 않는 실로 손가락을 묶어 준다고 한다. 기왕 묶을 거 티 팍팍 나게 굵은 색실로 묶어 줬으면 좋으련만, 안타깝게도 그렇지 않아 그 운명의 상대를 찾아 헤매느라 너무 많은 시간을 낭비하고 너무 많은 상처를 입는다.

돌고 돌아 겨우 찾았나 싶으면 예쁘고 착하고 똑똑한 데다 돈까지 많은 경쟁자에게 뺏겨 매정하게 걷어차이기 일쑤고, 간혹 끌려 다니는 데 질리고 질려서 내 발로 그를 떠나기도 한다. 또 내 짝이 아닌 엉뚱한 사람에게 필이 꽂혀 '몹쓸 년'이라며 사람들의 손가락질을 받기도 한다. 심지어 분명히 운명이다 싶어 결혼까지 했는데, 불과 한두 해 만에 "너만 없으면 살 것 같다"고 이를 박박 갈며 법원을 찾는 경우도 많다.

평소 운명이란 놈에게 전혀 관심이 없었거나 심지어 운명이란 말 자체에 반감을 갖고 있던 사람이라도 결혼 상대자가 정해지면 한 번쯤 '이 사람이 내 운명의 상대일까?' 하는 생각을 하게 된다. 그렇다면 과연 그 운명이란 놈의 진짜 얼굴은 무엇일까?

•• 2년짜리 인연 vs 40년짜리 인연

결혼을 앞두고 생각하는 운명적인 만남이나 궁합에 대한 관심은 종교적인 신념과는 별개의 문제다. 일생일대의 중대사가 코앞으로 닥쳐오면 모두 '혹시 내가 콩깍지가 씌어 잘못 판단한 건 아닐까' 하고 두려워한다. 사랑에 대한 확신이 아무리 강해도 결혼이라는 미지의 세계에서 날아온 초대장을 받아들고 보면 선뜻 응하기 어려워진다. 기대감에 부풀어 있든 두려움에 사로잡혀 있든, 이 새로운 변화가 부담스러운 점만은 분명하다.

사람들과 이야기를 나누다 보면 "지금 만나는 사람이 내 운명의 상대인 것 같다"는 얘기를 종종 듣는다. 그런데 그 운명이란 것, 정말 있기는 한 걸까?

내가 아는 어떤 남자는 소개팅에서 만난 여자와 4개월 만에 결혼에 골인했다. 소개팅을 하던 날, 그는 혹시 차가 막힐까 봐 일찌감치 집을 나섰다. 그러다 보니 약속시간보다 30분이나 일찍 도착했고, 모처럼 여유 있게 차라도 한 잔 하자는 생각에 내심 잘 됐다 싶었단다. 그런데 그가 자리를 잡고 앉자마자 한 여자가 커피숍에 들어섰다. 연한 하늘색 원피스를 입은 그녀는 한순간에 그의 시선을 사로잡았다. 그녀의 등 뒤에서 눈부신 후광이 비치더라는 것이다. 그녀의 눈길도 그에게 와 닿았다. 그는 그녀가 운명의 상대임을 직감했다. 놀랍게도 그녀는 그날 소개팅에서 만나기로 한 바로 그 사람이었다. 그녀도 차가 막힐까 봐 일찍 집을 나섰다는 것이다. 첫눈에 반한 두 사람은 속전속결로 결혼에 골인했다. 그런데 이게 웬일인가! 두 사람은 결국 2년을 못 채우고 이혼하고 말았다. 그렇다면 그녀의 등 뒤에서 빛나던 후광은 도대체 무엇이란 말인가!

또 어떤 부부는 40년을 넘게 함께 살다 막내딸 시집보내고 한 달 뒤에 이혼했다. 이 집 아줌마는 불과 1년 전까지만 해도 "다시 태어나도 우리 신랑과 결혼할 거다"라고 공언을 하고 다녀서 다 늙은 친구들의 빈축을 살 만큼 금슬이 좋았었는데 말이다. 이런 이야기들을 듣고 있자면 인연이나 운명에도 유통기한이 있는 건 아닐까 하는 생각이 든다.

• • 운명적인 사랑의 정체는 거스를 수 없는 성격

영화나 드라마에는 운명적인 사랑에 관한 이야기가 종종 등장한다. 목숨을 버릴 만큼 절대적이고 치명적인 그들의 사랑은 밋밋한 일상과 뻑뻑한 연애에 지친 가슴에 로망의 불길을 뜨겁게 지핀다. 그 감각적인 대사와 격정적인 몸짓에 젖어 드노라면 세상에서 가장 무모한 사랑을 찾아 목숨 걸고 달려들고 싶은 욕망이 불쑥불쑥 솟아오른다.

가까운 예로 드라마 〈커피 프린스 1호점〉의 한결은 은찬이 남자인 줄 알면서도 마음을 거두어들이지 못하고, 영화 〈너는 내 운명〉의 석중은 에이즈에 걸려 자신을 떠난 은하를 못 잊어 농약을 마신다. 〈러브레터〉의 이츠키와 히로코의 사랑에는 정말 운명적인 요소가 결부되어 있는 것처럼 보이기도 하고, 〈지금 만나러 갑니다〉 같은 영화는 아예 운명적이고 신화적인 사랑, 그 자체라고 해도 틀리지 않다.

물론 이 중에는 사랑이라기보다는 집착에 가까운 순간적인 정열도 있고, 외압이나 장애 탓에 필요 이상으로 증폭된 사랑도 있다. 이들 모두 운명적인 사랑임이 분명해 보이지만, 좀더 자세히 들여다보면 대부분 자신이 결정해서 선택한 사랑임을 알 수 있다. 다시 말해, 거스를 수 없는 사랑보다는 거스르지 못하는 성격이 운명을 만든다는 얘기다.

우리는 날마다 수십 가지 선택의 기로에 놓인다. '지금 일어날까, 5분만 더 잘까', '회사에 전철을 타고 갈까, 택시를 타고 갈까' 하는 사소한 것부터 시작해서, '그의 청혼을 받아들일까 말까', '오늘 사표를 낼까 말까' 하는 중대한 선택에 이르기까지 일상 자체가 선택의 연속이라고 해도 과언이 아니다. 이때, 선택의 크기나 중요도는 천차만별이지만 그 모든 선택에는 책임이 따른다. 5분 더 자기로 결정하면 아침의 나른함을 만끽하는 대신 출근 준비 시간이 빠듯해지고, 출근시간에 택시를 타면 몸은 편하지만 교통체증에 시달려야 한다. 하물며 인생을 걸고 하는 사랑과 결혼에 관한 선택이야 두말할 것 없다.

사랑을 성공적인 결혼으로 연결시키려면 운명을 따지기보다는 책임부터 생각해야 한다. 그냥 마음 가는 대로 '이게 운명인가 봐' 하며 끌려갈 게 아니라 내가 감당할 수 있는 사람인지, 내가 책임질 수 있는 결혼인지 진지하게 자문해야 한다. 일생을 결정한 것이 운명적인 사랑도, 거부할 수 없는 팔자도 아닌 자신의 성격이었다는 것을 깨닫고 난 뒤에는 땅을 치고 후회해 봤자 소용없으니 말이다.

사랑을 성공적인 결혼으로 연결시키려면 운명적인 요인을 따지기보다는 책임에 대한 생각부터 해보아야 한다. 모든 선택에는 책임이 따르기 때문이다. 당신의 운명을 결정하는 것은 정해진 사랑도, 거부할 수 없는 팔자도 아닌 당신 자신의 성격이라는 것을 잊지 마라.

한 사람과
50년을 함께 산다는 건

 "기쁠 때나 슬플 때나 괴로울 때나 즐거울 때나 서로 믿고 의지하며 한평생 함께하겠다"고 맹세한다. 물론 신랑 신부 스스로 맹세하는 게 아니라 대부분 주례의 질문에 그저 "예" 하고 마지못해 대답하는 것이지만 말이다. 그러나 요즘은 '검은 머리가 파뿌리 되도록 함께 살라'는 판에 박힌 주례사가 뜸해져서 그런지 10년을 못 채우고 헤어지는 부부가 상당히 많다. 10년은커녕 결혼 첫해에 헤어지는 부부의 비율이 어느 때보다도 높다고 한다.

최근에 발표된 한 자료를 보면, 우리나라에서는 연간 36만 2,000여 쌍의 남녀가 결혼을 하고 11만 8,000여 쌍이 이혼을 한다. 세 쌍이 결혼할 때마다 한 쌍이 헤어지는 셈이다. 인구 1,000명당 이혼이 2.5건이라는 계산이 나오는데, 이것은 일본 1.8건, 대만 1.8건, 프랑스 1.9건 등 2건을 넘어가는 나라가 별로 없는 점을 감안하면 어마어마한 숫자라고 할 수 있다.

• • 백년해로하라는 덕담 또는 악담

요즘은 평균수명이 길어져 사고만 없으면 너끈히 80세를 바라보게 되었다. 예전에는 '인간칠십고래희 人間七十古來稀'라 하여 70세까지 사는 사람이 드물었지만, 이제는 80세가 넘어서 죽어도 '너무 일찍 갔다'며 친구들이 둘러앉아 눈물 짜는 걸 보면, 참 지겹게도 길게 살아야 하는 인생이다. 이쯤 되면 이 징글징글하게 긴 인생에서 한 사람과 백년해로하라는 말이 덕담인지 악담인지 모르겠다.

이제 서른 살에 결혼해도 50년 넘도록 함께 살아야 하는 것이 백년해로인 셈이다. 물론 옛날에도 50년씩 함께 사는 일이 종종 있었기에 '금혼식'이라는 말이 생겼을 게다. 금혼식은 19세기 영국의 '골든웨딩'에서 유래했다. 그때는 10대 때 결혼하는 조혼 풍습이 있었고, 여성에게는 인권이랄 것도 없어 이혼 자체가 여의치 않았다. 남편이 술 먹고 패든 처자식을 버리고 딴살림을 차리든 조용히 사는 것 외에는 별다른 방법이 없었다. 어쨌거나 사별하지 않는 한 결혼생활을 평생 유지할 가능성이 높았던 것이다. 그러니 억지 춘향으로 금혼식을 맞은 여인들도 적지 않을 것이라는 얘기다.

한 사람과 평생 사이좋게 함께 산다는 것은 감사하고 즐거운 일이지만, 실제로 그 여정에는 많은 난관이 도사리고 있다. 특히 시간의 흐름과 더불어 찾아오는 권태기라는 관계의 피로감은 피할 수 없는 통과의례라고 할 수 있다.

〈섬원 라이크 유〉라는 영화를 보면 '암소 이론'이라는 것이 나온다. 수소가 암소와 교미를 하면 두 번 다시 그 암소를 쳐다보지도 않는다는 얘긴데, 사람도 마찬가지여서 상대가 바뀔 때마다 성적 각성 상태가 높게 유지된다는 이론이다. 즉, 한 사람과 지속적인 관계를 유지하다 보면 심리적인 피로감 때문에 권태기가 도래할 수밖에 없다는 얘기다. 이 이야기는 '쿨리지 효과 Coolidge effect' 라는 이론에 입각해서 만들어졌는데, 이 이론에 쿨리지라는 이름이 붙은 데는 재미난 일화가 있다.

미국의 30대 대통령이었던 캘빈 쿨리지와 그의 부인이 어느 농장을 방문했을 때의 이야기다. 쿨리지 부인은 수탉 한 마리가 여러 마리의 암컷을 거느리며 정력을 과시하는 것을 보고 감탄해서 농장 주인에게 말했다.

"저 수탉은 정력이 정말 대단하군요. 저렇게 많은 암컷들과 매일 관계를 가지면서도 전혀 지친 기색이 없으니……. 대통령께 저 수탉 얘기를 해드리면 좋겠네요."

영부인의 은밀한 말뜻을 이해한 농부는 기회를 보아 대통령에게 수탉 얘기를 해주었다.

그랬더니 쿨리지 대통령이 농부에게 되물었다.

"그럼 그 수탉은 항상 같은 암탉과 하는가?"

농부는 멋쩍어 하며 대답했다.

"아닙니다, 항상 다른 암탉하고 합니다."

그러자 대통령이 응수했다.

"내 아내에게 그 얘기를 좀 전해 주시구려."

· · 진화론을 역행하는 백년해로의 비밀

암소든 암탉이든 이런 이야기는 성적 자극과 흥분도에 관한 이야기인 만큼, 사랑이나 결혼에 적용하는 데는 다소 무리가 있을지도 모른다. 우리는 인간이 성적 호기심이나 동물적인 욕구를 충족하는 것을 넘어서 더 고차원적이고 관념적인 사랑을 주고받는 아주 고상한 존재라고 믿고 싶어 하지 않는가.

그러나 결혼생활에서도 이런 이론을 배제할 수는 없을 것이다. 인간도 종족보존을 위해 최대한 많은 씨를 뿌리려 하며, 번식기마다 종자개량을 실천해 더 우월한 후세를 남기려는 본능이 있기 때문이다. 그러니 일부일처제로 50여 년을 해로해야 하는 결혼제도는 진화론의 관점에서 보면 비효율적인 제도인 셈이다.

그러나 이 사회의 규범을 잘 지키며 살아가려면 내 맘대로, 되는 대로 살 수는 없다. 사랑은 자기 맘대로 한다 하더라도, 결혼만은 주변 사람들의 축복을 받으며 해야 한다. 아무리 정성 들여 키워도 서른 살이 넘도록 온전히 독립하지 못하는 부족한 자식들을 평생 뒷바라지하는 것이야말로 사회적 책임이며, 속이야 어떻든 부부가 함께 산 기간이 길어질수록 큰 박수를 보내는 것이 인류의 미덕이기 때문이다. 백년해로가 진화론에 역행함에도 불구하고 유구한 역사를 이어오는 데는 바로 이 '규범'이라는 비밀이 숨어 있다.

Briefing Chart

평균 수명이 길어지면서 백년해로를 하려면 50년은 함께 살아야 한다. 그러나 요즘 우리나라는 세 쌍이 결혼할 때마다 한 쌍이 헤어진다. 웬만해서 피해 갈 수 없는 권태기를 이겨내기도 만만치 않은 일이다. 결혼제도를 둘러싼 사회적 규범이 있기에 그나마 그 정도 수준을 유지하는 게 아닌가 싶다.

프러포즈도 못 받고
날부터 잡은 여자

여자들은 모두 낭만적인 프러포즈에 관한 꿈을 갖고 있다. 모름지기 프러포즈란 남자가 큼지막한 다이아몬드 반지를 사들고 생각지도 못한 멋진 장소에서 잔뜩 분위기를 잡은 다음 여자에게 "나와 결혼해 주겠니?" 아니면 "아침마다 너와 함께 어쩌고저쩌고……" 하면서 상상만 해도 온몸에 소름이 쫙 돋는 멘트를 날려 줘야 두고두고 추억이 될 것이라고 생각한다.

인터넷만 뒤져봐도 '프러포즈에 성공하는 법', '프러포즈하기 좋은 곳', '백발백중 프러포즈 멘트' 등 갖가지 정보가 줄줄이 굴비처럼 엮여 나온다. 심지어 프러포즈를 위한 룸을 따로 마련한

레스토랑도 있다. 돈은 없고 부끄럼만 많은 남자들은 프러포즈하기 부담스러워서 지레 결혼을 포기해야 할 지경이다.

그런데 실제로 결혼한 사람들의 얘기를 들어보면 근사한 프러포즈를 받았다는 사람은 별로 없다. 다들 그냥 어쩌다 보니 날을 잡았다거나 자연스럽게 서로 결혼하기로 합의했다는 식이다. 또 이미 결혼하기로 얘기가 된 사이에 프러포즈를 하는 것도, 바라는 것도 우스워 그냥 넘어갔다는 경우가 대부분이다.

사실 영화에서처럼 남자가 여자의 손가락 사이즈를 몰래 알아다가 반지를 맞추는 일은, 여자들이 생각하는 것보다 훨씬 번거롭고 귀찮다. 백일이다 생일이다 해서 온갖 기념일 줄줄이 치르는 동안 이미 커플링도 마련했고 목걸이도 한두 개쯤 받은 사이니, 또 굳이 프러포즈를 기대하거나 강요해서 부담을 가중하는 것도 그렇다.

드라마나 영화에 가장 흔히 등장하는 예는 재벌남이 여자에게 프러포즈하려고 레스토랑을 통째로 빌렸다는 둥, 남자가 여자 집 대문 앞에 촛불을 수천 개 갖다 놓고 하트를 만들었다는 둥, 자동차 트렁크에 풍선과 꽃을 가득 실어 놓았다가 여자더러 열게 했다는 둥 하는 낯간지러운 이벤트들이다. 그러나 세월이 가고 써먹고 또 써먹어도 이런 고전적인 행태는 달라지지 않는다. 프러포즈에 대한 로망은 그만큼 여자들의 환상에 깊이 각인되어 있다는 얘기다.

나만 해도 그랬다. 연애시절, 남편은 끊임없이 나를 세뇌시켰다. 내가 생선 좋아하는 것을 알고는 "우리 집으로 시집오면 생선구이 날마다 먹을 수 있는데……. 우리 어머니가 하루라도 생선을 안 먹으면 머리가 아픈 사람이거든" 하거나, 내가 결혼에 관심이 없다고 하면 "괜찮아, 일단 한 달만 나를 만나 보면 생각이 달라질 거야" 하는 식으로 말하곤 했다. 그러다 생일이라고 집에 초대해서 간 것이 부모님께 인사드린 셈이 되었다. 나중에 프러포즈도 못 받고 얼렁뚱땅 날부터 잡았다는 생각이 들어 "뭐야, 나는 프러포즈도 못 받고 결혼하는 거야?" 했더니 자기는 프러포즈를 백 번도 더 했다며 펄펄 뛴다.

어찌 보면 맞는 얘기다. 사랑한다고 수도 없이 고백하고 들여다보고 아까워서 차마 만지지도 못하는 사이라면 당연히 결혼을 염두에 두게 된다. 미국이나 유럽처럼 동거가 일반화되어 몇 년씩 함께 살다가 새삼스레 청혼을 하고 결혼식을 올리는 풍습이 있는 것도 아니고, 서로 사랑 고백하며 몇 년씩 사귀다가 어느 날 문득 아무렇지도 않게 "우리 그만 만나자. 나 다음 달에 결혼하거든" 할 수는 없는 일이다. 결혼에 대한 승낙 또는 합의는 그렇게 상식선에서 자연스럽고 암묵적으로 이루어지는 것이 보통이다.

• • **그 어설프고 어색한 프러포즈 설정**

아직도 프러포즈 못 받고 결혼하는 것이 그렇게 억울한가? 이제 그만 아쉬움은 접어 두자. 그가 프러포즈를 하면 또 얼마나 어설프고 어색했을까, 그렇게 생각하자. '연애를 하다 보니 둘이 함께 있고 싶고, 밤마다 헤어지는 일이 너무 싫어서 누가 먼저랄 것도 없이 결혼 생각을 하게 되었다'라고 생각하면 속 편하다.

게다가 굳이 남자가 반지 사들고 꽃 갖다 바치며 프러포즈하면 여자가 마지못해 승낙하는 척하는 장면을 연출해야 할 이유도 없지 않은가. 그런다고 몸값이 올라가는 것도 아니고 말이다. 몸값 올리고 사랑을 확인하는 것은 살면서 두고두고 하는 것이 훨씬 더 중요하고 값지다는 사실, 명심하시길!

여자라면 누구나 근사한 프러포즈를 꿈꾸지만, 사람들의 이야기를 들어보면 제대로 된 프러포즈를 받고 결혼했다는 사람은 별로 없다. 굳이 어설프고 어색한 프러포즈에 목숨 걸지는 말자. 살면서 두고두고 그의 애정 공세를 이끌어 내는 일이 훨씬 더 중요하고 값지니 말이다.

날 잡고 나니
갑자기 딴사람이 된 그

'잡은 물고기에겐 떡밥 안 준다'는 전설은 도대체 언제 어디서 시작됐을까? 나도, 언니도, 그 언니의 언니도, 그 언니의 선생님도 아는 이 만고불변의 진리는 결혼 직전이나 직후의 여자들을 늘 절망에 빠뜨리곤 한다. 사실 이런 느낌은 굳이 결혼까지 갈 것도 없다. 두 사람이 연인 사이라는 것이 기정사실화되고 슬슬 결혼 얘기가 오갈 때쯤 남자들은 이미 주인 행세를 시작한다. 우리 자기만은 절대 아니라고, 우리 오빠는 그런 사람이 아니라고 생각하지 마라. 당신의 자기도, 오빠도 하나 다를 게 없다. 당신의 자기나 오빠도 사람이고 남자니 말이다.

나도 '우리 자기'만은 아닐 것이라고 굳게 믿었다. 그래서 실제로 결혼 전에 확답까지 받아두었다.

"남자들은 잡은 물고기한텐 떡밥 안 준다던데, 자기도 그럴 거야?"

당시 우리 자기께서는 무척 당당하게 대답했다.

"야, 고기도 고기 나름이지. 최고급 관상어한테 어떻게 떡밥을 안 주냐?"

그는 이렇게 제법 낯간지러운 대답도 아무렇지 않게 할 줄 아는 남자였다.

그런데 결혼해서 한두 해 지나고 나니 상황이 많이 달라져 있었다. 아무래도 내가 맛난 떡밥을 얻어먹어 본 지가 꽤 오래된 것 같은 생각이 든 것이다. 그래서 하루는 다시 한 번 물었다.

"자긴 잡은 고기가 최고급 관상어라서 날마다 떡밥도 주고 어항 청소도 해준다며! 근데 요즘 태도를 보니 영~ 불량해."

그랬더니 아무렇지도 않게 뻔뻔한 대답을 하며 도망간다.

"그런 게 어딨냐? 잡은 고기는 다 똑같애! 다 똑같은 금붕어! 누가 붕어한테 떡밥 주고 청소해 주냐?"

결혼 몇 년 만에 그는 달라져도 너무 달라져서 완전 다른 사람이 되어 있었다. 우리 자기께서도 어쩔 수 없이 '똑같은 남자놈들' 중 하나였던 것이다.

어쨌거나 남자는 여자가 자기 손아귀에 떨어졌다고 생각하는 순간 여자를 대하는 태도가 완전히 달라진다. 정말 한순간이라도 안 보면 미칠 것 같은 사랑도, 상대가 마음에 들어 일부러 유혹한 경우라도 별반 다를 게 없다. 시간이 흐르고 안정기에 접어들면 그를 그토록 들뜨고 안달 나게 하던 사랑의 각성제는 효과가 바닥이 나고 만다. 바로 이때 결혼을 앞둔 여자들의 상당수는 '그가 좀 변했다는 느낌을 받는다. 그러나 그럴 때마다 여자들은 그가 결혼 준비 때문에 바빠서 그렇겠지, 회사 일로 스트레스가 많아서 그렇겠지' 하며 자기 마음대로 해석한다. 날짜 잡고 결혼 준비가 하나씩 착착 진행되는데, 그가 변했다고 생각하는 건 절대 참을 수 없기 때문이다.

그러나 그가 변한 것은 아마 사실일 것이다. 사랑의 속성이란 원래 그런 것이기 때문이다. 사랑은 부족함이 채워지는 순간 주춤거리고 물러서며, 믿을 수 없어 애가 탈 때 미친 듯이 불타오른다. 양가의 묵은 원한이 없었던들 로미오와 줄리엣의 사랑이 그토록 절실했을까 하는 질문은 정녕 회의적이다. 보통의 사람은 그렇다. 떡하니 마음 놓을 상황이 되면 이내 시들해지고 마는 것이 사랑의 본질이다.

비단 사랑만이 아니다. 어떤 일이든 상황이 변하면 그에 따라 사람도 달라지게 마련이다. 사랑도 사람이 하는 일이라 나이를 먹으면 변하고 늙는다. "내 마음은 이렇게도 변함이 없는데……"라고 말하는 당신도 분명 달라졌을 것이다. 한번 되돌아보라. 은근히 마누라 노릇을 하려 들고, 잔소리 늘어놓으며 바가지 긁는 데도 살짝 이력이 붙었을 것이다. "나는 하나도 안 변했는데 당신만 달라졌다. 어떻게 그럴 수가 있느냐"고 닦달할 게 아니라, 나이 먹으면 사람이 달라지는 것처럼 시간이 흐르면 사랑도 그 색깔이 조금씩 달라지는 법이라는 사실을 받아들여야 한다.

오히려 5년이 가고 10년이 가도 안 변하는 사랑은 문제가 있다. 사랑도 사람처럼 태어나고 성장하고 황금기를 맞이했다가 늙고 시들기 때문이다. 사랑의 성장기와 황금기를 얼마나 아름답고 길게 유지하느냐가 문제지, 처음과 똑같기만 바랄 일은 아니라는 것이다. 갓난아기가 사랑스럽다고 해서 아이가 언제까지나 그 얼굴이기를 바랄 사람은 없지 않은가. 사랑도 사람의 생로병사와 똑같은 행보를 밟는다. 그가 변했다고 트집 잡으며 스트레스 줄 게 아니라 그냥 '시간이 흐르니까 나도 좀 달라졌지?' 하고 생각하자.

Briefing Chart

아직도 '우리 자기만은 절대', '우리 오빠만은' 하는 생각을 하고 있다면 꿈 깨시라. '우리 자기'나 '저런 나쁜 놈' 모두 '똑같은 남자놈들' 중 하나일 뿐이다. 10년을 살아도 1년을 산 것 같은 남자보다는 지난 10년간 끊임없이 변화, 발전한 남자가 훨씬 더 매력적이다.

우리 엄마와는
확실히 다른 시어머니

그나마 '오빠'나 '자기'는 좀 변해도 괜찮다. 두 사람은 함께해 온 시간이 있고 쌓아 온 정이 있으니 "오빠, 요즘 나한테 왜 이래? 날 잡더니 변한 거야?" 이러면서 들볶을 수 있다. 어쨌거나 두 사람은 서로 다루는 방법을 터득하고 있다. 그러나 세상 거의 모든 며느리들의 천적, 시어머니는 전혀 다르다. 물론 사람 따라 다를 테니 싸잡아 매도해서는 안 되겠지만, 며느리 입장에서 시어머니를 가만히 지켜보노라면 말 한마디, 행동 하나하나가 정말 이상하다. 시어머니도 누군가의 엄마일 테고, 우리 엄마도 누군가의 시어머니임은 분명한데, 시어머니 될 사람은 우리 엄마와는 달라도 너무 다르다.

이런 경우 원인은 크게 두 가지로 나뉜다. 하나는 낯선 시댁 문화나 분위기에 아직 적응이 안 되고 매사에 조심스러워서 오히려 어색해진 경우고, 다른 하나는 시어머니가 정말 어른답지 못하거나 어머니답지 못한 경우다.

나이 60에도 전혀 어른 노릇 못하는 시어머니, 분명히 있다. 시어머니 입장에서 보면 며느리는 항상 '보고 배운 게 없어' 기본이 안 되어 있는 며느리고, '귀여운' 내 아들에 비해 부족한 며느리다. 이런 사람일수록 객관적인 판단력 따위는 접어놓고 사는지라 "가정교육도 잘 받고 심성도 고운 애가 우리 집처럼 별 볼일 없는 집에 시집와서 고생이다" 하는 일은 절대 없다.

그래서 걸핏하면 나온다는 애기가 "너희 엄마가 그런 식으로 하라고 하든?", "너희 부모님이 그렇게 가르쳤니?", "이딴 걸 혼수라고 해 왔니?", "네가 우리 아들 등골을 빼먹기로 작정을 했구나!" 하는 것들이다. 성질 같아서는 결혼이고 뭐고 다 뒤집어 버리고 싶다. 그러나 면전에 대고 "어머니는 왜 그런 식으로 말씀하세요? 정말 기분 나쁘네요" 이럴 수는 없다는 게 문제다. 그랬다간 결혼식장에 들어서는 건 둘째 치고 아예 머리채 휘어잡힐지도 모를 일이다. 어쨌거나 계획대로 결혼하려면 혼수로 트집을 잡든, 학벌이나 직업으로 트집을 잡든 일단은 '나 죽었소' 하고 머리 조아릴 수밖에 없다. 마음에 안 내켜도 입으로는 그냥 "네……" 하고, 속으로는 '정말 웃기셔! 나중에 내 얼굴을 어떻게 보려고?' 하면서 훗날을 기약해야 한다.

사소한 말 한마디가 상처가 되기도 한다. 신기하게도 마음과 애정은 움직이는 경로가 눈에 훤히 보이는 법이다. 아무리 며느리가 예쁜 내 아들보다 나을 것이며, 아무리 내 아들이 시원찮다 하더라도 남의 딸보다 정이 안 가겠는가.

밤늦게 데이트라도 할라치면 우리 엄마는 그에게 "밤길 위험하니 꼭 대문 안에 들어서는 것 보고 돌아가게" 하는 반면, 시어머니는 "그렇잖아도 피곤한 애 꼭 운전까지 시켜야겠냐? 그냥 전철 타고 가거라" 하신다. 우리 엄마는 "요즘 아가씨들 학교 다니고 직장 다니느라 요리 배울 새가 있기나 하니?" 하시는 반면, 시어머니는 "밥이야 전기밥솥이 하는 거지. 밥하고 찌개 끓이는 게 뭐 그리 대단한 일이라고……" 하신다.

앞뒤 정황을 제쳐 두고 자기 자식만 두둔한다는 느낌이 들 때면 나름대로 한다고 해온 며느리는 서운할 수밖에 없다. 요즘은 시댁보다 처갓집 드나들 일이 많다지만, 그래도 아직은 시집을 가면 '그 집안' 사람이라고 느끼는 우리나라 정서상 며느리는 항상 약자다.

문제가 본격화되는 것은 결혼 이후다. 집안 분위기와 생활습관의 차이에서 오는 괴리감은 생각보다 큰 난관이 된다. 시댁에 들어가서 시부모와 함께 사는 사람은 특히 더하다. 예를 들어 우리 엄마는 자식들 교육 걱정만 하며 검소하게 살아왔는데, 시어머니는 여행이나 다니며 당신 인생 즐기기에 바쁘다면 이상하게 느껴질 수밖에 없다. 또 우리 엄마는 "회사 다니기도 피곤할 텐데 무슨 설거지냐"며 앞치마를 빼앗는 반면, 시어머니는 "너 기다리다 배곯아 죽겠다"고 한다면 '내가 식모살이 하러 왔나' 싶을 것이다. 특히 시어머니가 오로지 아들만 바라보며 당신의 인생을 희생했다는 피해의식에 시달리는 분이라면 며느리 입장은 여간 어려운 것이 아니다. 이런 시어머니는 아들이 조금만 소홀하게 대해도 금방 배신감을 느끼고는 "우리 애가 결혼 전에는 저런 애가 아니었는데, 효자도 그런 효자가 없었는데……" 하며 며느리를 원망한다. 아들의 불찰은 모두 며느리가 잘못 들어와서 뒤에서 조정하기 때문이라고 생각한다. 시어머니로서는 어떤 용서 못할 일이 일어나건 그 잘못을 하늘 같이 믿는 아들 탓으로 돌릴 수 없는 것이다. 심지어 아들이 바람을 피워도 "애를 얼마나 밖으로 내몰았으면, 애가 얼마나 외롭고 마음 붙일 곳이 없었으면 그랬겠냐"며 기가 막힌 소리로 트집을 잡는다.

•• 일단은 말조심! 할말은 속으로 혼자하라

이런 식의 충돌은 문제의 크고 작음에 차이가 있을 뿐, 모든 며느리들이 겪는 문제다. 이럴 때 해결책은 둘 중 하나다. 아예 거리를 두고 최소한의 도리만 갖추거나, 집안마다 분위기가 다른 것이니 어쩔 수 없다는 생각으로 마음을 다독이는 것이다. 내가 여태껏 살아온 환경과 달라서 불편하고 아직 서로 잘 몰라서 오해할 수도 있다고 생각하면 갈등을 이기는 데 도움이 된다.

그러나 어느 쪽을 선택하든 말조심은 필수다. "이 집 식구는 도대체 왜 이래? 진짜 적응 안 되네", "당신 어머니 지금 제정신이야?" 하는 식으로 삐딱하게 반응하면 신랑도 받아들이기 힘들뿐더러 자신도 그 생활을 버텨낼 수 없다. 정히 하고 싶은 말이 있으면 속으로 해라. '나도 몰라. 아줌마 맘대로 생각해', '그 얘기 이번에 들으면 열두 번째 듣는 건데 그만 좀 하시지?' 하는 식으로 속으로 중얼거리고 나면, 왠지 슬쩍 웃음이 나며 한결 기분이 나아질 것이다.

결혼할 사람이 좋으니 그저 시어머니 자리도 좋게 생각하게 되고, 또 그렇게 대하려 노력하지만 분명 한계가 있을 수밖에 없다. 상대의 가정 문화를 이해하고 익숙해지려면 생각보다 시간이 많이 걸린다. 또 생각이 그렇다고 해서 선뜻 마음까지 따라오는 것도 아니다. 결혼하면 누구나 느끼는 차이라고 생각하고 시간을 두고 여유 있게 헤쳐 나가야 한다.

Briefing Chart

결혼 초기에 겪는 양가의 문화적 차이는 생각보다 큰 난관이다. 특히 우리 엄마와는 확실히 다른 시어머니의 생활 태도나 무작정 아들만 감싸고 도는 비상식적인 행동은 도통 이해할 수가 없다. 그러나 이건 누구나 겪는 일이므로 섣불리 반기를 들기보다는 좀더 시간을 갖고 지켜보는 것이 현명하다.

결혼을 전후한 집안 내 종교전쟁

집안에 특정한 종교가 없는 사람들은 결혼에 종교문제가 거론되는 것을 이해하지도, 용납하지도 못한다. 그러나 독실한 신앙생활을 하는 사람들에게 종교는 아주 중요한 결혼의 조건이다. 특히 집안 전체가 신앙생활을 하고 있고, 당사자도 일찍이 신앙생활을 시작했다면 다른 종교와의 융합은 생각처럼 쉽지 않다.

사랑에 빠진 사람들은 종교의 차이쯤 대수롭지 않게 넘어설 수 있다고 확신하지만, 가족의 생각은 다르다. 서로 다른 종교는 물론, 같은 종교 내에서도 서로 이단으로 규정하는 종파, 심지어 사회적으로 사이비 종교로 규정하는 숱한 종교들이 결혼의 장애 요소로 작용한다. 속칭 우리가 '환자'라고 일컫는 사람들에겐 사랑보다, 사람보다, 종교가 우선이기 때문이다.

•• 2년간의 종교전쟁 끝에 결국 이별

내 친구 중에 한 명은 아버지가 장로님이고 어머니가 권사님이다. 일반 신도로서는 최고라고 할 수 있는 자리에 오른 분들인데, 이 친구도 모태신앙으로 독실한 기독교인이다. 평소에도 성경을 읽고 찬송가를 흥얼거릴 만큼 신앙이 생활화되어 있고, 일요일에는 예배를 드리고 성가대 연습에, 학생부 선생님 노릇까지 하느라 거의 모든 시간을 교회에서 보냈다.

이 친구는 중학교 동창인 남자친구와 10년 넘게 만났고 대학을 졸업한 뒤에는 본격적으로 사귀기 시작했다. 남자친구는 당시 방위로 군복무를 하면서 동사무소에 근무했는데, 종교는 없었지만 일요일마다 이 친구를 보기 위해 교회를 찾아오곤 했다. 어떤 때는 일찌감치 와서 나란히 앉아 예배에 참석할 만큼 열성적이었다. 모처럼 편하게 얼굴 볼 수 있는 일요일을 놓치고 싶지 않았던 것이다. 친구의 부모님도 이 남자친구를 마음에 들어 했다. 사람도 단정하고 성실해 보여 제대하면 결혼을 추진해 볼 생각이었다.

그러던 어느 날 이 친구의 어머니가 깜짝 놀랄 사실을 알게 되었다. 이 남자친구의 할머니가 집안에 신당을 차려놓고 있다는 것이었다. 본격적으로 무당 일을 하는 것은 아니었지만, 할아버지가 돌아가신 뒤 자꾸 몸이 아파 결국 신을 모시게 되었다는 것이다. 이때부터 이 친구 커플의 종교전쟁이 시작되었다. 여자 쪽 부모님은 "이 결혼은 절대 안 되니 당장 헤어져라"라는 반응을 보였고, 남자 쪽에서는 "진짜 무당도 아닌데 너무 유난을 떤다. 정히 싫으면 관두라고 해라"며 맞불을 놓았다. 그러나 이미 정이 들 대로 든 두 사람에게 헤어진다는 것은 쉬운 일이 아니었다. 결국 이 싸움은 2년을 넘게 끌다 남자친구가 유학을 떠나면서 마무리되었다. 이 친구는 한동안 방황했지만 결국 다른 남자와 결혼해서 잘 살고 있다.

•• 웬만하면 서로 양보하고 덮어두는 게 상책

이렇게 극단적인 경우가 아니라도 결혼에는 자잘한 종교문제가 끼어들기 쉽다. 가톨릭에서는 비신자와 결혼할 경우 결혼 전에 배우자가 세례를 받도록 하는 것이 보통이며, 혼배미사 전에 혼인교리를 받아야 한다. 그렇지 않은 경우 관면혼배라 하여 일반 신자들과는 다른 절차를 거쳐야 하며, 또 이혼이나 재혼 등 상황의 특수성에 따라 절차가 달라지므로 비신자 입장에서는 받아들이기에는 어렵고 복잡한 일이 많다.

또 독실한 불교 집안과 기독교 집안이 결합할 때도 어려움이 많다. 교회에서 결혼식을 올리는 것도 말썽의 소지가 있다. 또 예식장에서 결혼식을 올리더라도 목사님이 주례를 서는 경우 성경말씀이나 찬송가, 기도 등의 순서가 마련되면 비신자나 다른 종교인들은 불편해지게 마련이다. 교회라고는 가 본 적도 없고, 심지어 목사라면 이유 없이 진력이 난다는 사람들에게 성경말씀을 설교해대면 그야말로 결혼식 분위기 썰렁해지기 십상이다.

언젠가 결혼식에서 있었던 일이다. 주례를 맡은 분이 목사님이었는데, 화촉을 밝히고 사회자의 소개로 목사님이 단상에 올라서는 순간 모든 순서가 꼬이기 시작했다. 이 목사님이 아무렇지도 않게 사회자를 무시해 버리신 것이다. 그 과정에서 사회자는 사회자대로 진행하려 애쓰고, 목사님은 목사님대로 "아, 됐어요!"를 연발하며 사회자를 제지하느라 여념이 없었다. 밤새 사회 멘트를 준비한 신랑 친구는 당황하는 기색이 역력했다. 잘못은 사전에 충분히 점검하지 못한 신랑 신부에게 있었겠지만, 왠지 결혼식장에서부터 종교 때문에 매끄럽지 않을 것 같다는 느낌이 드는 것만은 어쩔 수가 없었다.

가장 중요한 것은 이런 문제들을 충분히 감안해서 사전에 조율하는 것이다. 또 종교 때문에 문제의 소지가 있을 때는 가급적 서로 양보해서 종교색이 없는 결혼을 준비해야 한다. 결혼 준비를 해 나가자면 종교문제 말고도 골치 아픈 일이 한두 가지가 아니기 때문에 절대 양보할 수 없는 일이 아닌 이상 서로 덮어 두는 지혜가 필요하다.

• • 때로는 가장 좋은 화합의 도구가 되는 종교

물론 신앙이 결혼생활에 긍정적인 영향을 미치는 경우도 많다. 친한 친구 중 하나는 성격이 좀 어린아이 같은 구석이 있어서 어릴 때부터 '쟤는 사람 참 잘 만나야 하는데……' 하는 걱정을 했다. 이 친구는 '환자'는 아니었지만 매우 순수한 믿음과 신앙을 가진 기독교인이었고, 교회 사람의 소개로 남자를 만나 어렵지 않게 결혼을 했다. 남자도 모태신앙으로 교회에 다니는 것을 자연스럽게 여겼다.

나중에 이 친구를 만나 애기를 들어보니 이들에겐 기도와 찬송이 생활이 되어 있었다. 안 믿는 사람이 듣기엔 좀 황당한 애기지만 집에서도 가족예배를 드린다고 했다. 이 부부와 두 아이가 둘러앉아 찬송가를 부르고 기도할 생각을 하니 웃음이 절로 났다. 하지만 한편으론 신앙을 통해 가족의 화합을 도모하고 서로 신뢰하며 사는 모습이 그렇게 평화로워 보일 수 없었다.

결혼할 때 종교문제가 양보할 수 없는 신념이라면 사귀는 동안 충분한 시간을 갖고 해결책을 찾아야 한다. 종교문제는 접근 방법에 따라 독이 될 수도 있고, 약이 될 수도 있기 때문이다.

Briefing Chart

종교가 양보할 수 없는 결혼의 조건이라면 처음부터 신중하게 상대를 찾고 결혼을 준비해야 한다. 결혼 준비를 해 나가자면 종교문제 말고도 골치 아픈 일이 한두 가지가 아니다. 답도 안 나오는 문제로 싸우지 말고 웬만한 일은 서로 덮어 두는 지혜가 필요하다.

궁합,
어디까지 믿어야 하나

새해가 되면 온갖 신문이나 잡지, 웹사이트 등에서 새해 선물처럼 토정비결 정보를 내놓곤 한다. 토정비결이란 게 사실은 봐도 별 건 없는데, 안 보면 또 은근히 궁금해지는 구석이 있다. 토정비결에 나온 점괘를 믿든 안 믿든 일단 재미있으니 흥미가 가는 것이다. 좋은 일이 예정되어 있다고 하면 기분 좋은 일이고, 또 안 좋은 일이 있다고 하면 미리 조심하면 그만이다. 교통사고 조심하라고 하면 운전할 때마다 정신 바짝 차리면 되고, 여름에 물을 조심하라고 하면 바다보다 산으로 피서를 가면 될 일이다. 모든 일이 생각하기 나름이라는데, 점괘야말로 해석하기 나름이다.

사주라는 것도 통계적으로 보아 성격은 얼추 맞추는 것도 같다. 나 역시 재미 삼아 종종 보곤 하지만 요즘은 사주카페도 부쩍 많아졌고, 타로카드로 점을 보는 사람도 제법 많은 것 같다. 대형 서점이나 영화관처럼 약속 장소로 애용되는 곳에는 대부분 타로 점이나 사주를 보는 부스가 마련되어 있다. 그러나 토정비결이나 사주는 미신의 개념과는 다소 거리가 있다. 그 점괘를 맹신해서 할 일을 안 하거나 안 할 일을 하는 사람은 흔치 않다.

결혼을 앞둔 이들은 사주보다는 궁합을 많이 본다. 두 사람의 사주를 놓고 화합 정도나 발전성 등이 어떤지를 점치는 것인데, 보는 사람에 따라 아주 구체적인 점괘가 나오기도 한다. 그런데 바로 이 점괘 때문에 문제가 불거지는 일이 종종 있다. 궁합이라는 것은 좋은 말은 한 귀로 흘려듣고 나쁜 말만 가슴에 담아 두고 서로 상처를 주는 경우가 많다. 특히 남자 집안에서 며느리를 들일 때 까다롭게 군다. 요즘 세상에도 며느리 들이는 게 그렇게 큰 유세인지 알다가도 모를 일이다.

그 황당한 수준도 가지가지여서 얼마 못 가서 이혼할 궁합이라거나, 사람 잘못 들여서 집안을 말아먹겠다거나, 심지어 두 사람이 결혼하면 3년 안에 남자가 죽는다는 궁합도 있단다. 그런 점괘를 철썩 같이 믿는 사람들에게는 나름대로 이유가 있겠지만, 내 개인적으로는 궁합을 귀신처럼 딱 맞추는 경우는 단 한 번도 못 봤다. '찰떡궁합도 이런 찰떡궁합이 없다'는 커플이 결혼한

지 3년 만에 가정 내 폭행으로 이혼한 경우도 봤고, 여자가 기가 너무 세서 남자가 몇 년 못 살겠다던 커플이 벌써 15년째 하하호호 건강하게 잘 사는 경우도 있다.

함께 살아 보지도 않고, 심지어 상대를 만나 보지도 않고 사주를 갖다 넣고 궁합부터 봐서 맞선을 보니 마니 하는 소리를 들으면 참 어이가 없다.

실제로 내가 아는 어른 중에 친구 딸이 너무 예쁘고 마음에 들어 꼭 며느리 삼고 싶다고 입버릇처럼 말하던 분이 있었다. 그런데 어느 날 궁합을 보니 이 처녀가 자기 아들과는 영 안 맞는다고 하더라며 이 처녀의 '드센 팔자'를 험담하는 것이었다. 정작 이 처녀는 그 집 아들에게 관심도 없고, 처녀의 부모도 그 친구와 사돈 맺고 싶은 마음이 추호도 없는데, 자기들 마음대로 궁합을 보고 와서는 이러쿵저러쿵 입방아를 찧어 대며 몹시 불쾌해 했다.

그런데 이것도 상대적인 것이다. 예를 들어 두 사람 궁합이 '남자가 능력이 없어 여자가 평생 먹여 살리겠다'고 나왔다고 하자. 남자 입장에서 보면 평생 놀고먹어도 먹여 살릴 여자라는 얘기니 절대 놓쳐서는 안 될 상대이고, 여자 입장에서는 아직 기회 있을 때 얼른 딴 자리 찾아보는 편이 나은 셈이다.

어쨌거나 여자 쪽에서 궁합을 보러 가면 안 좋은 점괘는 모두 남자 탓이 되기 십상이고, 남자 쪽에서 보러 가면 여자의 안 좋은 점만 꼬치꼬치 캐내는 것이 보통이다. 아들 궁합 보러 온 어머니

한테 "당신 아들 사주가 개판이라 며느리가 고생하겠어! 이 처녀
는 정말 괜찮은 아이니 얼른 뇌 줘" 하는 점쟁이는 없지 않은가.

사람마다 성격이 다르고 개성이 다른데, 두 사람이 만나서 어
떤 반응이 일어날지 어떻게 예측할 수 있단 말인가. 싸울 일이 있
어도 한쪽이 조금 더 참고 양보하면 이내 분위기가 가라앉게 마
련인데, 사소한 일로 트집 잡고 짜증 내면 기분 좋을 사람이 누가
있겠는가.

30여 년을 서로 다른 환경에서 살아온 사람들이 만나 결혼을
했는데, 처음부터 손발이 짝짝 맞을 수는 없는 법이다. 손발을 닦
는 수건 사용법부터 TV 리모컨 사용 방법, 신발장에 신발 넣는
방법까지 다를 수밖에 없다. 결혼에서의 진정한 궁합은 상대에
대한 배려와 양보이며, 서로 다른 생활 습관을 존중하며 맞춰 가
는 과정이다. 행여 부모님이 궁합 때문에 안 좋은 소리를 하거든
일격에 잘라 말해야 한다.

"그래서, 그 점쟁이가 우리 인생을 책임지겠대요?"

"그럼, 나는 궁합 좋은 엄마랑 평생 함께 살까?"

단순히 궁합 때문에 반대하는 부모에게 흔들린다면 정말로
줏대 없는 사람이며, 아직 결혼할 자격도 없는 사람이다.

상대방에게 이런 말을 옮기는 것도 팔불출이다. 남편 마음속
에 '장모님은 우리 궁합이 안 좋아서 결혼을 반대했다'는 생각이
자리 잡거나, 아내의 마음속에 '시어머니는 내 팔자가 드세서 싫

다고 했어' 하는 생각이 들어앉아서 좋을 게 뭐가 있겠는가. 둘이 행복하게 잘 살면 반대했던 사람은 그 나름대로 미안해서 면목이 안 서고 거부당했던 사람은 또 그대로 두고두고 서운할 노릇 아닌가. 흔들릴 것도 없고, 마음에 둘 것도 없다. 두 사람이 서로 아끼고 사랑하며 오래오래 행복하게 살면 그만이다.

두 사람의 사랑보다, 두 집안의 상황보다 궁합을 더 중요하게 생각한다면 사랑을 지켜낼 힘도 자격도 없는 사람이다. 궁합의 좋고 나쁨은 어디까지나 상대적이다. 어떤 점괘가 나오든 점쟁이가 내 인생을 절대로 책임지지 않는다는 것을 명심해야 한다.

나는 언제부터
'그 집' 사람인 걸까?

날을 잡고 나면 여자들 입장은 정말 애매해진다. 아직 결혼을 안 했으니 그 집 사람이랄 수도 없고, 서너 달 뒤면 그 집 며느리가 될 텐데 날짜 딱딱 맞춰 가며 남남으로 지내는 것도 우습기 때문이다.

보통 결혼을 결심하고 양가에 인사를 드리면 호칭부터 바뀐다. 신기하게도 생전 처음 보는 어른들한테도 "아버님, 어머님" 소리가 잘도 나온다. 심지어 "아가씨, 도련님, 형님" 소리도 곧잘 하게 된다. 친정 식구에게 "야", "너" 하던 것에 비하면 정말 감사하달밖에 달리 할 말이 없다. 결혼하고 나면 평생 할 소리 뭐가 그렇게 급한지 입만 열면 방긋방긋 웃음과 함께 나오곤 한다.

상황이 이러면 친정 쪽 가족은 서운할 수밖에 없다. 그렇잖아도 결혼하면 남의 집 사람이 될 터라 서운해 죽겠는데, 벌써부터 그 집 사람인 양 뻔질나게 드나드는 것이 못마땅하다. 게다가 내 가족에겐 툴툴대고 무뚝뚝하던 딸이 시댁이 될 집 사람들에겐 전에 없이 상냥하게 굴고, 전화 한 통이면 쪼르륵 달려가는 것이 얄밉기까지 하다. 게다가 입만 열면 "우리 어머니가……" 해대니 듣는 엄마 입장에서는 은근히 부아가 치밀기도 한다.

어렵기는 당사자도 마찬가지다. 시댁엘 가도 아직 시어머니가 차려 주시는 밥을 얻어먹으면 되는지, 벌떡 일어나 "어머니, 제가 할게요" 해야 하는지 처신이 곤란할 때가 한두 번이 아니다. 명절 같은 때는 더하다. 시댁 될 집에서는 미리 와서 음식 장만도 하고 친척들에게 인사도 좀 했으면 하는 눈치고, 친정에서는 집에서 보내는 마지막 명절이니 당연히 우리 집에서 우리 가족과 함께 지내라고 한다.

경험상 조언을 하자면, 결혼 전부터 너무 며느리 노릇을 하는 것은 결국 본인에게 좋지 않다. 어른이 무슨 일을 하시면 가만히 앉아서 받아먹기 난처하니 일어서는 척하거나 거드는 제스처를 취하는 수준에서 그치는 것이 좋다. 또 실제로 일을 거들더라도 과일을 깎거나 수저를 놓는 정도로 하는 것이 남 보기에도 좋고 본인 신상에도 이롭다.

소탈한 성격과 알뜰한 살림 솜씨를 뽐내고 싶은 마음에 소매 걷어붙이고 밥이라도 하겠다고 덤비는 것은 완전 미련한 짓이다.

이런 사람이 꼭 제 발 묶어 놓고 나중에 눈물 흘리며 남 탓만 한다. 며느리 어떻게 가르칠지 몰라 헤매는 시어머니에게 '며느리란 거친 집안일 마다 않고 덤벼들어 해결하는 사람'이라는 생각을 심어 주기에 딱 좋은 행동들은, 제발 자신과 세상 모든 며느리들을 위해서라도 자제해 주기 바란다. 그러려면 자신이 먼저 그런 고정관념에서 벗어나야 한다. '나는 적어도 우리 집에서 대우받던 만큼은 대우받아야 하고 그럴 자격이 있다'고 생각해야 한다.

•• 좋은 뜻으로 시작했다 큰코다친다

내 후배 하나는 결혼하기 1년 전부터 시부모가 운영하는 분식점에서 일을 거들었다. 처음에는 잠깐 놀러 갔다가 바쁜 참에 테이블 치워 주고 재미 삼아 김밥도 말곤 했는데, 이 친구 손끝 야무진 것을 보고 시어머니가 은근히 욕심을 내더니 나중에는 아예 김밥 마는 사람을 하나 내보내고 이 후배를 들어앉혔다.

이 후배도 굳이 마다하지 않고 일을 시작했다. 장사가 제법 잘 되는 가게였으니 아르바이트로 생각하면 시원찮은 월급쟁이보다 나을 수도 있고, 그 분식점도 결국 물려받으리라는 생각에서였다. 그러나 아르바이트비는 결혼 준비가 본격화되기 시작한 결혼 석 달 전부터 말 한마디 없이 끊어졌고, 그 뒤로 벌써 3년째 월급 한 푼 못 받고 일하고 있다. 좋은 뜻으로 시작한 일이 오히려 불리한 결과를 불러올 수도 있다는 얘기다.

사람을 대할 때는 솔직한 것이 가장 좋지만, 시댁 식구에게는 마음을 모두 연다고 해서 능사가 아니다. 꼭 나를 위해서가 아니다. 이런 식으로 원치 않는 상황에 얽이면 좋았던 관계에 금 가는 경우가 많다. 오히려 어느 정도 거리를 두고 지내면서 격식을 차리고 예의를 지킨 것만 못하다.

잘하고 싶은 마음이 앞선다고 해서 무조건 퍼붓는 것도, 속마음을 그대로 드러내는 것도 현명하지 못하다. 앞뒤 상황 살피고 결과까지 예측해 가며 현명하게 처신해야 좋은 결과를 만들 수 있다는 것을 명심해야 한다. 하루빨리 그와 하나가 되고 싶은 마음에, 당장 '그 집' 사람이 되고 싶은 마음에 앞서 나갔다는 큰코다칠 수 있음을 잊지 마시라.

Briefing Chart

결혼식 날짜를 잡고 나면 처신이 참 애매해진다. 시댁을 방문할 때마다 며느리 노릇을 하기도 그렇고, 뻘쭘하게 손님 노릇 하기도 민망하다. 그러나 결혼 전부터 나서서 며느리 노릇 하다간 자칫 엉뚱한 곳에서 발목 잡힐 수 있다. 마음만 앞세우지 말고 전후 사정 판단하며 영리하게 행동해야 손해 보지 않는다.

엄마한테 나는
어떤 딸이었을까?

결혼해서 자기 자식을 낳아 봐야 부모 심정을 안다고들 한다. 이와 비슷하게, 여자들은 결혼식 날짜가 가까워질수록 전에 없이 엄마 생각을 많이 하게 된다. 여자로서의 엄마의 인생을 반추하다 보면 자꾸만 내가 서운하게 했던 일, 못되게 굴었던 장면들만 떠오르며 미안함과 그리움이 복받쳐 오른다.

결혼식장에 다니다 보면 얼굴이 퉁퉁 붓고 눈에 핏발까지 선 신부들을 종종 본다. 대개는 결혼식 전날 밤에 엄마랑 서로 붙들고 우느라고 밤새 한잠도 못 잔 신부들이다. 또 결혼식장에서도 내내 눈물을 흘리는 신부나 어머니도 있다. 아버지가 안 계시거나 엄마가 고생하며 자식들을 키운 경우, 최근에 가정적인 어려움을 겪은 경우엔 더욱 심하다. 결혼한다고 해서 영영 헤어지는 것도 아닌데, 뭐가 그렇게 서운하고 사무치는지 쉽게 눈물을 거두지 못한다.

결혼은 좋은 일이다. 결혼식 날 신부가 너무 우는 것도 사람들 보기에 좋지 않다. 이럴 때 하객들은 "신부에게 무슨 말 못한 사연이라도 있는 게 아니냐"며 수군거리기 십상이다. 결혼하고 엄마 곁을 떠난다고 해서 영영 남남이 되는 것도 아니고, 외국으로 떠나지 않는 이상 보고 싶을 때면 언제든 전화 통화를 할 수도, 한달음에 달려갈 수도 있다. 결혼 전에 함께한 추억도 중요하지만 결혼한 뒤에 나이 들어가는 부모님께 효도하는 것이 더 중요한 일이니만큼, 더 잘해 드릴 계획을 세우는 쪽으로 마음을 고쳐먹어야 한다.

게다가 앞으론 울 날이 더 많다. 많은 여자들이 아이를 낳으면 엄마 생각에 눈물을 흘린다. '우리 엄마도 이렇게 고생해서 나를 낳았겠구나', '우리 엄마도 나를 이렇게 예뻐하며 키웠겠구나' 하는 생각들이 사무치는 것이다. 또 남편이나 시어머니가 마음을 몰라주고 엉뚱한 소리를 할 때마다 가슴이 답답하고 눈물이 날 것이다. 특히 시어머니가 생사람 잡는 소리를 해댈 때면 내놓고 말대꾸할 수도 없는 며느리 입장에서는 그저 엄마만 찾게 된다. 그때 원 없이 울기로 하고, 일생에서 가장 예쁘게 보여야 할 결혼식을 위해 엄마와의 마음 정리는 미리 웃으면서 해두자.

그렇다고 해서 결혼식 날 아침에 집을 나서면서 "엄마, 늦지 말고 와!" 하고 휭 하니 미용실로 날아가 버리는 '못된 딸년'이 되라는 얘기는 아니다. 내 마음이 싱숭생숭한 만큼 부모님의 마음도 싱숭생숭하다. 아직 어리기만 한 것 같고, 뭐 하나 제대로 할 줄 아는 게 없는 애를 시집보내고 어찌 마음 놓고 살까 생각하면 더 답답한 쪽은 부모다.

결혼식을 앞두고는 가급적 어른스러운 태도를 보여야 한다. 특히 결혼식 당일 아침에는 부모님께 감사의 큰절 한 번 올리고 집을 나서는 것이 좋다. 오늘이 지나면 한 사람의 아내이며 또 다른 집안 며느리로서 새 삶을 시작해야 하기에, 순수하게 엄마의 딸로서 보내는 아침은 그날이 마지막이다. 그동안 예쁘게 잘 키워 주셔서 감사하고, 이제는 사위와 더불어 더욱 효도하는 딸이 되겠다고 약속드리면 보내는 부모님 마음도 한결 편안해질 것이다.

실제로 결혼은 부모님과의 관계를 재정립하고 더욱 발전적인 방향을 찾아가는 좋은 계기가 된다. 이제는 부모님에게 의존해서 사는 어린애가 아니라 스스로 가정을 일구고 사람 노릇을 하며 살아야 하기 때문에 자연스럽게 철이 들어갈 것이다.

또 부모님도 연세가 들어 점점 마음이 약해지기 때문에 아무래도 자식들에게 의지하고 싶어 하신다. 자식들 하나둘 출가시키고 나면 두 분만 쓸쓸한 여생을 보내며 빈 둥지를 지켜야 하기 때문에 자식들이 찾아오는 것만큼 즐거운 일도 없다. 손자 손녀 재롱이나 보며 편안하게 노후를 보내는 것이 가장 큰 행복이라고 생각하신다. 또 크게 잘되는 자식은 없어도 다들 무난히, 단란하게 살아 주기만 해도 안심이다.

그러나 충분히 잘해 드리지 못한다고 해서 너무 죄송스러워할 것도 없다. 어차피 '내리사랑은 있어도 치사랑은 없다'고, 내가 부모님께 받은 사랑은 내 자식들에게 되갚는 것이 세상 사는 이치다. 두고두고 효도하며 걱정 끼쳐 드리지 않겠다고 마음을 다져 먹는 것만으로도 부모님은 내 딸이 사람 다 됐다고 생각하실 것이다.

Briefing Chart

여자들은 결혼식을 앞두고 엄마 생각을 많이 하게 된다. 그러다 보면 결혼식 전날이나 당일에 눈물바다를 만드는 모녀들이 있다. 그러나 영영 이별하는 것도 아니니 좋은 날은 즐겁게 보내는 것이 좋다. 지금까지 못해 드린 걸 후회하는 것보다는 앞으로 어떻게 해 드리느냐가 훨씬 더 중요하기 때문이다.

위험한 과거
또는 소중한 추억

요즘은 연애 한 번 안 해보고 결혼한다고 하면 믿는 사람도 없거니와, 설령 그것이 사실이라 하더라도 썩 자랑거리만은 아니다. 겉모양 멀쩡하고 성격 무난한데 관심 보이는 이성 한 명 없었다면 말이 안 되기 때문이다. 오히려 애인이 없으면 "쟤는 성격에 문제 있는 거 아냐?" 하는 식의 뒷말이 나오는 세상이다. 결혼 당사자들도 한두 번 연애 경험 있는 것은 아무렇지 않게 여기고, 또 나와 사귀기 전에 다른 사람과 사귀는 모습을 곁에서 지켜보는 경우도 있다. 특히 최근에는 중고등학교 남녀공학이 일반화되면서 우정과 사랑 사이를 넘나들며 자연스럽게 연애 경험을 한다.

내가 결혼하던 10년 전만 해도 제주도로 신혼여행을 간 커플 중 몇 퍼센트는 신혼여행도 채 못 마치고 따로 짐 싸서 올라온다는 말이 있었다. 첫날밤에 서로 과거를 캐묻다 싸움으로 번진 경우다. 그러나 요즘에는 성경험 연령이 점점 더 낮아지고 남녀에 대한 의식의 차이가 줄어들어 이런 문제가 진부한 것으로 여겨질 만큼 개방적인 분위기다.

그러나 너무 방심하면 믿는 도끼에 발등 찍힐 수 있으니 조심해야 한다. 어찌 보면 세상에 '믿을 만한 도끼'가 있다고 생각하는 것 자체가 바보짓이다. 이런 순진한 사람들은 꼭 상대가 모르는 일까지 굳이 꺼내서 시시콜콜 얘기하는 것이 솔직한 것이고, 상대에 대한 예의라고 생각한다. 제발 이런 미련한 생각은 하루빨리 고쳐먹길 바란다.

또 "오빠도 알지? 전에 나한테 프러포즈했다가 퇴짜 맞고선 죽겠다고 난리치던 개 말이야" 하는 식으로, 서로 이미 아는 사실은 굳이 숨길 이유도 없고 숨길 수도 없다고 생각해서 공공연하게 거론하는 경우가 있는데, 이것도 좋지 않다. 아무리 아량이 넓은 사람이라 해도 이런 얘기를 자꾸 들으면 유쾌할 리 없다. 내게는 소중한 추억이었던 한때의 사랑이 그에게는 위험한 과거로 여겨질 수도 있다는 것을 명심해야 한다.

'남자가 연애를 했다면 분명 어떤 여자와 했을 것 아니냐'는 것이 여자들 생각이다. 이 점은 남자들도 충분히 알고 있다. 여자 한 명이 거미줄을 치고 세상 모든 남자를 상대하진 않았을 테니 자신들만큼 여자들에게도 과거가 있을 수 있다는 것을 부인하지는 않는다. 그러나 '내 여자만은' 하는 것이 보통 남자들이다. 그러니 굳이 요조숙녀인 척할 필요도 없지만 남자 코앞에서 지난 일들을 들먹이며 자랑스레 떠들어댈 필요도 없다는 얘기다.

게다가 좀 넘친다 싶으면 과거의 연인들과 결혼할 사람을 비교해 가면서 설레발을 치는 푼수들이 있다.

"전에 만났던 사람은 돈 하나는 끝내 주게 많았는데……. 아쉽다!"

한 발 더 나가는 경우도 있다.

"두 번째 애인은 지금도 종종 생각이 난다니깐!"

잘나신 건지 모자라신 건지……. 제발 참자. 굳이 숨길 것도 없지만, 뭐 듣기 좋은 얘기라고 굳이 옛날 남자들 줄줄이 거론하며 그를 기분 나쁘게 한단 말인가.

반대로, 전에 사귀던 사람들을 욕하는 사람들도 있다. 이 사람들도 앞의 얘기들과 다를 게 없다.

"전번 애인은 사람을 못 믿어서 걸핏하면 위치 추적을 하곤 했었다니깐!"

누워서 침 뱉기라는 말씀. 이런 얘기를 들으면 그는 옛날 애인이 '남자답지 못한 놈'이라고 생각하기보다는 '애가 어떻게 행동했기에?' 하고 생각한다. 상황은 이렇게 당신의 의도와는 전혀 다르게 돌아가기 십상이다.

그런 면에서 보면 남자들은 잡아떼기 선수다. 우리 남편만 해도 그렇다. 제법 화려한 연애 경력을 자랑하는 걸 훤히 아는데, 항상 능청스럽게 "글쎄, 난 당신이 첫사랑이라 그런 거 잘 모르겠는데?" 한다. 그럴 때마다 나는 어이가 없기도 하고 '그래 네 맘대로 해라' 싶기도 해서 그냥 웃고 만다. 또 간혹은 남편이 내가 전에 사귀던 사람을 욕할 때도 있다. 이럴 때 내가 "잘 알지도 못하면서 그러지 마. 좋은 사람이었어" 하며 그 사람을 감싸고돌면, 농담인지 진담인지 "왜? 아직도 사랑해? 그럼 다시 그놈한테 가서 마음고생하면서 살든가" 하고 빈정거리며 고소해 한다.

이런 문제에서는 늘 남편이 승자다. 그때마다 나도 앞으로는 "글쎄, 난 당신이 첫사랑이라 그런 거 잘 모르겠는데?" 하는 멘트를 써먹으리라 다짐하곤 하는데, 잘 안 된다. 남자들에게 배워라. 과거지사에 있어서는 '잡아떼기'만한 것이 없다.

•• 관계를 망치는 고백도 있다

그가 몰라도 될 일, 모르는 게 더 좋을 일이 있다면 아예 당신의 머릿속에서도 지워 버려라.

"사랑하니까 다 이해할 수 있지? 오빠에게만은 솔직하고 싶어."

이딴 신파도 모조리 지워 버려라. 신파라는 것이 원래 그 순간에는 감정에 젖어 '그래그래' 하던 것이 시간이 흐르면서 자꾸 떠올라 마음을 괴롭히는 법이다. 게다가 울고 짜며 참회하듯 과거를 고백하는 일은 두 사람의 관계를 망치는 일이다. 또 이런 얘기가 가족 귀에 들어가면 결코 좋을 리 없다.

남자들이 받아들이기에 좀 과하다 싶은 복잡한 경력이라면 아주 깊이, 철저하게 묻어야 한다. 강수연이 연기했던 〈문희〉란 드라마를 보면 사랑은 사랑대로, 과거는 과거대로 아픔이 되는 것을 알 수 있다. 추억이란 마음속에 고이 간직할수록 더욱 깊고 진해지는 것이다.

'사랑하니까', '솔직하고 싶어서' 굳이 말 안 해도 될 과거지사를 시시콜콜 털어놓는 여자들이 있다. 그러나 이런 일은 대개 의도와는 다른 결과를 불러일으킨다. 다른 사람과의 과거 얘기, 신랑이 알아서 좋을 일 뭐가 있겠는가. 푼수처럼 이 말 저 말 떠들어대지 말고 하지 말아야 할 얘기는 적당히 묻어 버려라.

사실은 부모와
함께 살고 싶은 남자

결혼을 앞둔 상당수의 커플들이 시부모와의 동거 여부 때문에 고민을 한다. 부모님 쪽에서 함께 살기를 거부하는 경우나 아예 부모님이 다른 지역에 살고 있거나 다른 형제와 함께 살고 있는 경우라면 재고의 여지가 없어 간단하다. 하지만 부모님과 아들, 이렇게 세 식구가 살고 있던 집으로 시집을 간다면 쉬운 일이 아니다.

부모님도 "너희끼리 알콩달콩 살아봐야지" 하시고, 남편 될 사람도 "부모님 아직 젊으신데, 뭐" 하지만, 그 속마음은 그렇지 않은 경우가 많다. 이럴 때는 꼭 고모나 작은어머니 같은 친척들의 입을 통해 말이 나온다.

"집도 넓은데, 우리 철수 살던 방으로 들어오면 되겠네."

그리고 이렇게 덧붙인다.

"그래도 신혼인데, 지들끼리 살고 싶을라나? 호호호."

완전 짜증이다. 당사자도 아닌 분들께서 왜 그러시나 몰라.

• • 남의 집에서 곁가지로 살아가야 하는 여자들

더 큰 문제는 당사자인 아들도 은근히 엄마 곁에서 사는 게 편하겠다는 생각을 한다는 것이다. 부모님과 사이가 썩 매끄럽지 않아 당연히 분가를 고대하는 경우가 아니라면 대부분의 아들들은 '우리 부모님이 그렇게 까다로운 분들도 아니고, 마누라도 예뻐하시니까 그냥 내 집처럼 생각하고 살면 되지 않을까?' 하는 생각을 한다. '남의 집' 식탁에 밥숟갈 하나 더 올리고 곁가지로 살아야 하는 여자들의 심정을 남자들은 절대 이해하지 못하는 것이다. 특히 직장생활을 안 하는 경우라면 하루 종일 집에서 시부모와 얼굴 맞대고 지내야 하기 때문에 신중에 신중을 더해 결정해야 한다.

그래서 내리는 결론에는 '가족 간에 정도 들일 겸 1년만 함께 살다 분가한다' 또는 '한 2년쯤 따로 살다 합친다' 등이 있다. 이때도 잘 생각해서 결정해야 한다. 괜히 착한 척하다가 원치 않는 시집살이를 하게 될 수도 있기 때문이다.

며느리에게 시부모는 모셔야 하는 상대다. 게다가 생각하기에 따라서는 정말 마음 안 맞는 남의 부모님일 수도 있다. 단지 사랑하는 사람의 부모님이라고 해서 해본 적도 없는 착한 척에,

살림꾼 노릇을 하려면 보통 인내심으로는 역부족인 경우가 많다. 부디 마음만 앞세우지 말고 시부모 모시고 알뜰하고 즐겁게 살 수 있을지 냉정하게 평가하기 바란다.

반대로 능력도 안 되는데 객기 부리며 분가했다가 여기저기 돈만 버리는 결과를 야기할 수도 있다. 게다가 부모님이 혼자 계시거나 건강이 안 좋은 경우, 따로 집을 얻을 만한 경제적 여건이 안 되는 경우 등 부모님과 함께 살 수밖에 없는 상황이라면 마음 딱 접고, 두말하지 말고 시댁으로 들어가서 '부모 모시는 유세' 부려 가며 사는 편이 훨씬 낫다.

시댁으로 들어가는 일에 꼭 단점만 있는 것은 아니다. 실제로 시댁에서 함께 살면 좋은 일도 많다. 우선 주변의 시선이 곱다. 시부모에게 '얹혀살아도' 시부모를 '모시고 산다'는 얘기를 듣게 된다. 주말을 마음대로 쓸 수 있는 것도 즐거운 일이다. 따로 살 때는 주말마다 시댁에 가야 한다는 스트레스가 이만저만이 아니다. 특히 직장생활을 한다면 주말에는 쉬어야 하는데, 주말마다 시댁에 가서 벌 아닌 벌을 서고 가사에 시달려야 한다면 적잖은 부담이 된다. 또 친구를 만나러 나가거나 한가롭게 데이트나 쇼핑을 즐기는 일은 일찌감치 포기해야 한다. 또 친정에 다니는 일도 어려워진다. 주말에 시댁에 못 가는 일이 생기면 시시콜콜 이유를 밝혀야 하기 때문이다.

반면에 시댁에서 함께 살면 주말이면 모처럼 늦잠을 자거나 잠깐 외출하는 일이 한결 쉬워진다. 최근 신혼부부가 시댁에 들어가서 부모님과 함께 사는 가장 큰 이유는 바로 경제적인 효율성과 육아 문제다. 조금이라도 아껴 집을 마련하려면 아무래도 부모님께 의존해서 사는 편이 수월하다. 생활비를 드린다고는 해도, 따로 살며 관리비에 공과금, 생활비, 식료품 등에 지출해야 하는 경비를 생각하면 이편이 한결 가볍다. 또 시부모와 함께 살면 아이를 맡기는 일이 한결 수월하다. 도우미를 쓰더라도 시부모가 곁에서 지켜보는 가운데 아이를 돌볼 수 있으므로 안심이 되어 좋다.

•• 자신 없으면 단호하게 거절하라

그러나 남편과 시부모의 사이가 안 좋은 경우, 결혼 전 마찰 때문에 도저히 스트레스 받아서 함께 살 수 없다고 판단될 때는 과감하고 단호하게 분가를 주장해야 한다. 어설프게 착한 며느리 노릇하려다 결혼생활 자체를 위태롭게 할 수 있기 때문이다.

특히 결혼 전부터 혼수나 집안 문제로 트러블을 겪었다면 신혼 생활에 적응하며 시부모에게 잘하는 데는 한계가 있다. 결혼은 그 자체만으로도 적응기를 거쳐야 하는 쇼크이며 스트레스인데, 결혼 전에 쌓인 앙금까지 한꺼번에 해결해야 한다면 이중, 삼중의 고통을 떠안는 것이다. 이 경우 화해보다는 상황을 악화시킬 가능성이 높다.

희한하게도 피가 섞인 내 가족과는 서로 악을 쓰며 할퀴어도 한 집에 살 수가 있는데, 시댁 식구와 화합하는 일은 그렇지가 않다. 며느리 자리라는 게 어쩔 수 없이 약자인 데다 일단 관계가 설정되고 나면 좀체 바뀌지 않는 것이 시댁 식구와의 관계이기 때문이다. 이 중대한 결정을 내리기 위해서는 자기 자신을 신중하게 되돌아봐야 한다. 자신이 시부모와의 동거를 감당해낼 만한 사람인지 아닌지를 냉정하게 자문하고 솔직하게 답을 내려야 후회가 없다.

Briefing Chart

남자들은 남의 집에 얹혀 곁가지로 살아가야 하는 여자들 속을 모른다. 또 자기 부모님의 단점을 객관적으로 평가할 줄도 모르기 때문에 시부모 동거의 어려움과 심각성을 과소평가하는 경향이 있다. 상황이 안 된다면 마음 깨끗이 접고 빌붙어 살아야겠지만, 정말 자신이 없다면 과감하게 거부할 줄 알아야 한다.

당신, 결혼 준비에
관심은 있는 거야?

여자들이 겪는 대표적인 어려움 중 하나가 남자들이 결혼 준비에 너무 비협조적이라는 것이다. 그렇게 좋다고 쫓아다니고 잘해 주기에 결혼하기로 마음먹었건만, 날 잡고 난 뒤부터는 왠지 분위기가 역전되어 결혼식이고 살림살이고 나 혼자만 날뛰며 준비하는 느낌이 든다.

혼수만 해도 그렇다. 두 사람이 두고두고 사용할 물건들이니 함께 취향 맞춰 가며 고르면 얼마나 좋을까마는 남자들은 이 모든 일을 '쇼핑'으로만 생각하고 귀찮아 한다. 그래도 혼수는 부모님과 함께 다니며 준비하는 경우도 많고, 요즘은 웨딩플래너의 도움을 받아 손쉽게 해결할 수 있으니 다행이다. 그나마 남자들이 적극적으로 참여하는 것은 결혼식 준비다. 본인 의상 맞추고 날짜 맞춰서 계약해야 하니 어쩔 수 없이 함께 다니는 것이다.

그러나 신혼집에 관한 것은 등한시하는 경우가 많다. 집만 얻어 놓으면 다 끝나는 줄 아는 것이 남자들이다. 단순히 이삿짐 싸고 푸는 일도 보통 머리 무거운 일이 아니거늘, 하물며 모든 것을 새로 장만해야 하는 신혼 살림살이야 오죽할까. 그러나 남자들이 여자들의 이런 마음을 알아줄 리 만무하다.

집 얻어 놓으니 청소를 하나, 가구 들어오는 날이라고 일찍 와서 도와주기를 하나, 벽지라도 하나 고르려면 유난 떨지 말고 적당히 알아서 하라고 하지를 않나, 나 혼자 살 집도 아닌데 너무 하는 거 아닌가 싶을 때가 한두 번이 아니다. 새집을 분양받아 들어가는 경우에는 그래도 나은 편이다. 이때는 청소 좀 하고 새집 냄새 빼는 데만 신경을 쓰면 된다.

그렇지 않은 경우에는 도배해야지, 바닥재 갈아야지, 구석구석 청소하고 살림살이 들이려면 신경 쓸 일이 한두 가지가 아니다. 게다가 인테리어라도 좀 할라치면 서운하거나 속상한 일이 한두 번이 아닐 것이다. 신혼집이다 보니 아무래도 신경이 쓰이고 깔끔하고 예쁘게 하고 싶다. 더구나 신혼집에는 손님 맞을 일도 많다. 집들이만 해도 가족에, 친구들에, 직장 동료들까지 양쪽 모두 번갈아 가면서 손님 치르려면 대여섯 번은 기본이다. 신혼집에 대해서는 다들 얼마나 깔끔하고 예쁘게 해놓고 사나 궁금해

하고 관심을 갖기 때문에 아무리 안 한다고 해도 신경이 쓰일 수밖에 없는 것이다.

그런데 남자들은, 살다 보면 어차피 지저분해질 테니 '청소 그까이 꺼 뭐 대~충 하면 되고, 살림살이야 배달 온 사람들이 다 자리 잡아 줄 거고, 두 사람 이삿짐이야 딱히 짐이랄 것도 없는 수준 아니냐'고 생각한다. 희한하게도 열 커플 중 칠팔은 여자들이 날마다 와서 청소하고 정리하며 신혼집을 준비하고, 남자들은 큰 짐 들어온 뒤에야 슬쩍 얼굴 한 번 내밀고 마는 경우가 대부분이다. 여자들이 여기서 마음이 상한다. 청소라는 게 해도 해도 끝이 없고 표도 안 난다. 또 두 사람이 함께 살 집이니 물건 하나하나 자리 잡는 일도 함께하고 싶은 것이 여자 마음인데, 이 즐거운 일을 남자는 '귀찮은 일'로 생각하고 있다고 느껴지니 못내 서운하다. 바로 이런 이유 때문에 "나 혼자 좋아서 하는 결혼이야?" 하며 싸우는 것이다.

·· 즐기느냐, 무사히 치러내느냐의 차이

결혼식 날 입을 웨딩드레스를 고를 때도 마찬가지다. 여자들은 웨딩드레스 자체에 로망을 갖고 있다. 그저 아름다운 드레스를 구경하고 입어 보는 것만으로도 행복감을 느낄 지경이다. 그러나 이 무정한 남자들은 "도대체 몇 벌을 입어 보는 거야? 다 거기서 거기구만" 한다. 여자들이 상상하듯 "당신 진짜 예쁘다! 내가 본 어떤 신부보다 아름다워!" 하는 반응을 보이는 남자는 별로 없다. 뭘 입어도 "어, 이뻐!", "글쎄, 난 잘 모르겠는데? 그냥 당신 마음에 드는 걸로 해”가 전부다. 내 참, 난생 처음 입어 보는 값비싼 웨딩드레스, 뭘 입어도 안 예쁠 리가 있겠느냐고요!

남자들의 근본적인 문제는 살림살이 정리하고 웨딩드레스를 고르는 여자들의 마음을 이해하지 못한다는 것이다. 둘만의 사랑을 꽃피울 공간을 마련하는 동안 느끼는 온갖 상념과 기대감, 설렘 등을 함께 나누고픈 여자들의 마음 따위는 불필요한 감정의 허영이라고 생각해 버린다.

“그렇잖아도 정신없고 머리 아픈데, 꼭 너까지 그래야겠나?” 남자들은 바로 이렇게 생각하는 것이다. 그들은 그저 매사 피곤하기만 하고, 이 복잡하고 어려운 과정이 하루라도 빨리 지나가기만 바랄 뿐이다. 결혼을 그저 무난히 치러야 할 숙제 정도로 생각하는 사람에게 신혼집을 얼마나 아기자기 예쁘게 꾸밀지, 어떤 드레스를 골라 입을지 함께 고민해 주기를 기대하는 것 자체가 무리라는 말씀. 차라리 그 가치와 의미를 아는 여자친구들과 함께 다니며 혼자서 실컷 즐기는 편이 속 편하다.

• • 있는 입으로 하나하나 시켜 먹어라

그러나 이런 스트레스를 떨쳐 버리기가 쉽지 않다면 몇 가지 방법을 생각해야 한다. 결혼 준비 스트레스를 줄이려면 일단 해야 할 일의 목록을 만들고, 두 사람의 스케줄을 미리 확인해 서로 머리를 맞대고 일정표를 만들어야 한다. “가구는 꼭 함께 가서 고르고 싶으니까 오빠도 시간을 내야 해”, “예물은 반드시 같이 가서 맞춰야 하니까 자기 좋은 날로 잡아 봐”, “이 날은 가전제품 들어오는 날이니 당신이 예물 찾아서 신혼집으로 오면 좋겠어" 등 등 그가 할 일을 구체적으로 얘기해 주어야 한다.

여자들의 문제는 남자가 내 속마음을 척척 알아서 내 뜻을 맞춰 주기를 기대하는 것이다. 그러나 남자들에겐 여자친구들끼리 하는 것처럼, 언니나 엄마랑 하는 것처럼, '툭' 하면 호박 떨어지는 소리, 이런 거 절대 기대할 수 없다. 그랬다간 나만 상처 입고 나만 우스운 사람 되기 딱 좋으니 주의하시기 바란다.

남자들은 일일이 말해 주지 않으면 절대 모르는 열등 동물이다. 원하는 것이 있으면 해 달라고 하고, 필요할 때는 도와 달라고 분명하게 요구해야 알아먹는다. 입 있으니 얼마나 쉬운가. 가만히 앉아서 '알아서 해주는 게 사랑'이라는 억지 논리 펴지 말고 남자 시켜 먹는 즐거움을 누려 봐라.

대부분의 여자들이 느끼기에 남자들은 결혼 준비에 비협조적이다. 그들은 어떻게 해야 무사히 사고 없이 일을 치를 것인가에만 관심이 집중되어 있다. 그가 내 마음을 훤히 읽고 모든 일을 척척 알아서 해주기를 바라지 말고 하나하나 설명해 가며 동참시키는 태도가 필요하다.

어머님~~
요즘 공유 넘 멋지죠?
주먹 만한 얼굴에 쭉
뻗은 팔다리~~
그럼 애비 말고
팔다리 긴 남자랑
결혼하지 그랬냐?

Part 2

결혼 전후 행동 하나가 여든 간다

결혼은 얼마나 멋진 집에서 얼마나 예쁘게 차리고 사느냐보다
어떤 사람들과 어떤 관계를 형성하며 살아가느냐가 관건이다.
결혼만큼 인간관계가 중요한 사건은 없다.
결혼생활에서 인간관계는 친구, 직장, 동호회 등
그 어떤 집단에서 생기는 인간관계보다 중요하며 그것은 삶의 질을 변화시킨다.
결혼 전부터 전략적으로 준비하고 설계해서 빈틈없이 만들어야
남편과의 관계나 시집살이 때문에 마음고생하는 일이 없다.

우리 가족의 강약지점,
내가 가장 잘 안다

결혼 결정부터 양가에 대한 인사와 허락, 상견례 등을 치르는 동안 한두 가지 갈등요소는 불거지게 마련이다. 특히 상대에 대해 가족이 못마땅해 하면 서로 힘들어진다. 이때는 주로 직업이나 학력, 집안, 경제력, 외모 등 객관적인 요소가 논란의 중심으로 떠오른다. 남녀 불문하고 내 자식이 조금이라도 좋은 조건의 배우자를 만나기를 고대하는 것은 모든 부모와 가족의 공통된 심리니 어쩌랴.

그러다 보면 아무리 잘난 상대를 데려와도 못마땅한 구석이 눈에 띄는 법이다. 내 자식 흠이야 어떻건 간에 일단 최고의 배우자를 찾아 주고 싶은 이기적인 마음에서다. 아들 재혼시키는 부모가 처녀 나이 많다고 타박하는 경우를 보면 어이가 없어 입이 떡 벌어지지지만, 제 자식 허물은 티끌만해 보이고 남의 자식 허물은 들보만해 보이는 게 세상 부모들의 지병이니 이 또한 어쩌겠는가.

• • 인신공격은 평생 지워지지 않는 상처를 남긴다

집안에서 사위를 흠잡고 나올 때는 요령 있게 행동해야 한다.

"우리 엄마는 자기 키가 너무 작아서 마음에 안 드시나 봐."

이런 식으로 곧이곧대로 말을 옮기는 것이 제일 미련한 짓이다. 특히 '시시한 대학을 나와서', '직장이 별 볼일 없어서', '너무 마르고 약해 보여서', '홀어머니에 외아들이라' 이런 조건들은 당장 어떻게 손쓸 수 있는 것들이 아니니 대책도 없고, 그런 얘기 들어서 기분 좋을 사람은 세상에 없다.

이런 이야기들은 자칫 인신공격으로 여겨져 결혼 자체가 깨질 수도 있고, 결혼이 성사되더라도 당사자에게 오랫동안 상처로 남을 수 있으므로 각별히 조심해야 한다.

내가 아는 어느 집 며느리는 결혼한 지 15년이 되었는데, 아직도 "어머니는 제가 고졸이라서 싫다고 하셨다면서요" 한단다. 농담 삼아 하는 얘기긴 하지만, 대학 안 나온 며느리라도 아들 뒷바라지 잘하고 아이들 공부 잘 시키고, 온라인 쇼핑몰까지 운영하며 당신 아들보다 돈도 더 잘 벌고 있으니 이 시어머니 입장에서는 여간 민망스러운 게 아니다. 이 시어머니는 며느리가 해주는 밥 얻어먹으면서 두고두고 후회하고 미안해해야 할 것이다. 그러나 어쩌랴, 사람 겉만 보고 함부로 판단한 대가인 것을.

부모님이 사위 앞에서 막말을 하는 경우에는 어쩔 수 없이 남편을 달래거나 무릎 꿇고 싹싹 비는 게 유일한 뒷감당이겠지만, 그렇지 않은 경우에는 내 부모는 내가 알아서 감당하며 예방하는 쪽에 주의를 기울여야 한다. "대학 안 나왔어도 직장생활하며 제 몫은 톡톡히 하잖아요. 대학 나와서 집에서 노는 것보단 백번 낫지 않아요?" 한다거나 "보기엔 약해 보여도 얼마나 건강한대요" 등의 변호식 화법에서, "엄마, 속물처럼 그런 얘기 좀 하지 마!" 또는 "엄마는 아빠가 키 크고 잘생겨서 뭐가 좋았어요?", "나는 또 뭐가 그렇게 잘났다고 남의 아들을 그렇게 흠잡으세요?" 하는 강력 대응까지 내 가족의 스타일에 맞춰 적절히 대응해서 미리미리 진화해 두는 것이 좋다. 특히 작은 키나 볼품없는 외모로 트집을 잡는다면 초반에 일축해야 한다. 다 아는 문제고, 두 사람이 행복하게 사는 데 아무 지장 없는 이야기라면 처음부터 명확하게 선을 그어서 논란의 여지를 없애야 한다.

이런 문제만은 각자 부모는 각자 알아서 해결한다는 것을 원칙으로 정해 두는 것이 좋다. 우리 가족의 불만사항은 가급적 내 선에 해결하는 것이 가장 빠르고 효과적이기 때문이다. 우리 가족의 성격과 성향, 특수성은 누구보다도 내가 잘 알고 있기 때문에 굳이 해결책도 없는 문제로 상대를 닦달하거나 스트레스 줄 필요가 없다.

나아가 상대의 단점이나 약점이 노출되기 전에 미리 그런 상황을 예상하고 방지하면 더욱 좋다. 시시한 학벌이 문제가 될 수 있다면 "명문대는 아니지만 그래도 성적은 좋았다"거나 안정적인 직장이 아니어서 걱정된다면 "요즘은 직업에 대한 의식이 완전히 바뀌었고, 제 밥벌이는 충분히 한다", 또 마르고 약해 보이는 체형이 핸디캡이라면 "벌써 5년째 날마다 1시간씩 운동을 해서 건강 하나만은 자신 있다"는 식으로 부모님이 문제 삼을 만한 것들에 대해 미리 대책을 세워 놓으란 얘기다. 부모님이 문제를 지적하기 전에 선수 칠 수 있다면 더욱 좋다.

상대가 준비 없이 우리 가족에게 노출되어 겸연쩍은 상황을 겪게 되면 그건 순전히 내 잘못이다. 일 벌어진 뒤에 주워 담으려 해도 소용이 없으니 미리 가족 입장과 상황을 고려해 청사진을 그려 봐야 한다. 예측하고 예방하는 것만큼 좋은 방법은 없다는 것을 마음 깊이 새기시라.

Briefing Chart

결혼 준비를 하다 보면 한두 가지 갈등요소는 불거지게 마련이다. 남의 자식 흠잡자면 한도 끝도 없다. 이때는 '우리 가족은 내가 커버한다'는 생각으로 적극적인 방어 전략을 펼쳐야 한다. 어차피 할 결혼이라면 상대방이 상처 입기 전에 미리 방어하는 것이 최선이다.

갈등에 지친 내 남자
달래는 법

결혼 준비하는 동안 두 사람 사이에서도 크고 작은 마찰이 끊임없이 일어난다. 이 과정에서는 여자나 남자 모두 지치게 마련인데, 특히 여자는 '시집을 가는' 입장이기 때문에 남자보다 약자라는 느낌이 강하다. 그러다 보니 남자 쪽에서 많은 것을 양보하고 참아야 한다는 생각에 사로잡혀 있는 경우가 많다. 무슨 일이 있을 때마다 "내가 우리 엄마도 버리고 오빠한테 시집가는데 오빠도 이 정도는 양보해야 하는 거 아냐?" 하는 투정을 부리는 것이다. 또 결혼을 앞두고 여자는 마음이 심란하다는 선입견이 지배적이다 보니 아무래도 남자에게 필요 이상으로 치대는 경향이 있다.

• • 심란한 건 오히려 하소연할 곳도 없는 남자들

그러나 결혼을 앞두고 심란한 것은 남자도 마찬가지다. 부모님에 대한 책임감도 훨씬 커지고, 가장으로서 가정을 안정적으로 꾸려야 한다는 부담감도 크다. 이런 심리적 부담감은 무기력으로 나타나는 경우가 많다. 이럴 때 여자들은 오히려 신경질을 부리거나 토라지지만 남자들은 자신의 무능력을 탓하며 무기력에 빠져든다. 어디 하소연할 곳도 마땅치 않고 자기 사정을 털어놓고 수다 떨기도 머쓱하기 때문이다. 여기에 신혼집이나 혼수, 결혼식 문제로 부담이 가중되면 견딜 수 없이 힘들어 하기도 한다.

종종 결혼식이 다가오면서 완전히 무기력에 빠지거나 안절부절못하는 신랑들이 나타나는 것도 바로 이런 문제 때문이다. ‘내가 잘할 수 있을까’, ‘이 여자를 평생 책임질 수 있을까’ 하는 고민 때문에 밤잠 설치는 남자들이 의외로 많다. 잘해야 한다는 생각이 너무 강하다 보니 오히려 반작용이 일어나는 것이다.

• • 느긋하고 따뜻한 누나처럼 대처하라

문제는 남자들이 이런 모습을 보일 때 여자들이 신경질적으로 반응한다는 것이다. "도대체 왜 기분이 안 좋은데?", "갑자기 나랑 결혼하기 싫어지기라도 한 거야?" 등등 말도 안 되는 이유를 들먹이며 채근을 해댄다. 그러나 이렇게 사람을 몰아붙이면 오히려 상황만 악화된다. 남자들도 가끔은 위로가 필요하고, 여자도 아무 말 없이 기다릴 줄 알아야 한다.

이럴 때는 힘들더라도 짐짓 느긋한 태도를 보여야 한다. 오히려 누나처럼 "앞으로는 모든 것을 함께해야 하잖아. 자기 혼자서 너무 많은 짐을 지지 말고 나랑 함께 나누자" 하고 위로해 줘라. 이런 말 한마디 한마디가 남자들에게는 얼마나 큰 힘이 되는지 모른다. 그렇잖아도 자신의 나약한 모습 때문에 자괴감에 빠져 있는 남자들을 궁지로 몰아넣지 말고 따뜻한 손길로 토닥여 주자. 막상 결혼하고 나면 그가 정말 힘들어질지, 반대로 내가 고달파질지 살아 봐야 알 수 있는 일이지만 공짜로 하는 립서비스, 뭐가 어렵겠는가. 언제든지 함께 의지하며 걸어가자고 의연하게 말해 줘라.

결혼식이 다가오면서 완전히 무기력에 빠지거나 안절부절못하는 남자들이 있다. 결혼이 야기하는 책임감과 부담감 때문이다. 이럴 때는 누나처럼 느긋하고 다정한 태도를 보여 주어야 한다. 함께 짐을 나누자는 한마디 위로가 남자들에게는 생각보다 큰 힘이 된다.

친구들과의 대면식,
내 남자 얼굴 세우기

연애할 때도 그렇지만, 특히 결혼한 뒤에는 주변 사람들이 두 사람의 관계에 중요한 역할을 한다. 주변 사람들의 든든한 지원을 받아내려면 친구나 직장 동료들 앞에서 좀더 신경을 써야 한다. 친구들에게 배우자에 대한 인상을 잘못 심어 주면 "누구는 결혼을 영 잘못하는 것 같더라"는 둥, "누구네 남편은 사람이 좀 이상하더라"는 둥 별별 말이 다 떠돌게 된다. 심지어 '그 커플은 오래 못 갈 거야' 하는 말까지 공공연하게 나돈다. 결혼도 안 했는데 사람들 입방아에 오르내린다면 분명 두 사람이 처신을 잘못하고 있다는 얘기다. 문제를 찾아내고 하루빨리 행동 방침을 수정해야 상황을 수습할 수 있다.

친구들에게 내 남자를 소개할 때는 그 사람이 최대한 빛나 보이게 포장할 필요가 있다. 사람은 처신하기에 따라 얼마든지 다른 인상을 심어 줄 수 있다. 우선 내 친구들이 그를 얕잡아 보는 일이 생기지 않도록 경계해야 한다. 처음 소개할 때는 만나기 전부터 칭찬을 해서 좋은 선입견을 심어 놓는 것이 좋다. 친구들마다 선호하는 남성 취향이 다르기 때문에 각각의 친구에게 맞춰 호감을 느낄 만한 사례를 얘기해 두면 된다.

또 함께 마주하고 앉았을 때는 내가 그의 대변인이 되어야 한다. 아무래도 그는 조심스러워 자신을 어필하거나 나서서 잘난 척할 수 없으므로 웬만한 건 모두 내가 알아서 처리하는 것이 좋다. 부족한 점은 어떻게든 가려 주고, 자랑거리는 최대한 부각시키면서 그를 대신해서 어필해야 한다. "그가 너무 자상하고 능력 있어서 이제 내 인생은 탄탄대로"라는 식의 태도로 일관하면 은근한 부러움의 눈길이 쏟아질 것이다. 사실과 좀 차이가 있으면 어떤가. 그래야 행여라도 어려운 일이 생겼을 때 "처음부터 꼭 그렇게 보이더니만" 하는 소리 대신 "요즘은 경기가 어려워서 그런지 너희 신랑처럼 능력 있는 사람도 그렇게 힘드네" 소리가 나오게 되는 것이다.

그의 얼굴을 세워 주는 것이 내 얼굴을 세우는 길이다. 아무리 친한 친구라도 내 남편의 단점을 자꾸 들춰 함께 험담을 하면 어느새 나까지 같은 값으로 넘어갈 수 있음을 기억해야 한다.

반대로 그의 친구들을 만날 때는 적당히 있는 척 잘난 척하는 자세가 필요하다. 여자들이 백마 탄 왕자님 기다린다고 손가락질하는 남자들 중에도 능력 있고 잘나가는 여자 싫다는 사람은 없다. 말로는 있는 척 잘난 척 다하면서 조건 좋은 여자 만나면 침 질질 흘리는 것이 바로 남자들이다. 술집 같은 데서 남자들끼리 모여서 수다 떠는 걸 엿들어 보면 "야, 너 진짜 결혼 잘했다. 결국 '셔터맨'의 꿈을 이룬 거야?" 하는 소리를 듣곤 한다.

상대방의 능력이나 조건에 편승해서 세상 편히 살 수 있다면 굳이 어려운 길 돌아가지 않아도 된다는 것이 모든 이가 꿈꾸는 인생이라는 사실, 남자들도 부정하지는 못하는 것이다. 어쨌거나 요즘 '결혼 잘했다, 부럽다' 소리 듣는 남자들은 능력 있는 여자, 돈 많은 집 딸내미, 언제든 남편을 먹여 살릴 수 있는 아내를 꿰찬 남자들이다. 그의 친구들 앞에서 내 얼굴 세우고 그의 어깨에 힘을 불어넣어 주려면 최대한 잘나가는 척해 줄 필요가 있다.

Briefing Chart

내 친구들 앞에서 그의 체면이 깎이면 두고두고 후회한다. 친구들에겐 최대한 호감형으로 꾸며서 내놓아야 나까지 도매금으로 넘어가는 일이 없다. 또 그의 친구들 앞에서는 적당히 있는 척, 아는 척, 잘난 척하는 것이 좋다. 능력 있는 여자로 보이는 것이 그나 나를 위해 좋기 때문이다.

호감형 코디로
없던 호감도 만든다

남자들 중에는 생긴 건 정말 멀쩡한데도 여자 형제가 없거나 본인이 패션에 전혀 관심이 없어 촌스럽고 나이 들어 보이는 사람들이 의외로 많다. 이런 남자들에게 새 옷을 입혀 변화를 만들어 내는 것처럼 보람 있는 일도 없다.

머리 좀 손질하고 옷 한두 벌만 새로 사 입혀도 전혀 다른 분위기가 난다. 화장 안 하던 여자가 신부화장을 하면 누군지도 몰라보게 예뻐지는 것처럼, 평소 아무렇지도 않게 아버지 남방 빌려 입고 데이트에 나오던 남자들이 스타일 좀 살려 주면 전혀 다른 느낌으로 다시 태어난다. 사람은 정말 옷이 날개다.

제아무리 옷이 날개라지만 아무래도 촌스러운 분위기를 지울 수가 없다면 신경을 좀더 써야 한다. 이때는 소품을 활용하는 것이 효과적이다. 남자들은 아무래도 소품에 대해 무신경하다. 거치적거리고 귀찮다며 손가방 하나 없이 덜렁덜렁 두 손 흔들며 다니는 남자들이 의외로 많다. 이러면 윗주머니에는 담배, 바지 앞주머니에는 열쇠고리, 뒷주머니에는 지갑, 손수건, 휴대폰 하는 식으로 주머니마다 불룩해서 도무지 스타일이 안 산다.

이런 남자들에게는 슬림한 숄더백 하나 매게 하면 멋과 실용성을 동시에 살릴 수 있는 최고의 아이템이 된다. 소품으로는 안경도 좋은 포인트가 된다. 안경 하나 잘 골라도 완전히 사람이 달라 보인다는 사실은 경험해 본 사람은 다 안다. 손쓸 수 없는 더벅머리라면 살짝 퍼머를 시켜 보는 것도 좋다.

우리 가족이나 내 친구들에게 점수 좀 따게 해주고 결혼해서 인물 폈다는 소리 듣게 하려면 그의 패션을 이모저모 냉정하게 따지고 검사해 보아야 한다. 본인도 영 감각이 안 된다 싶으면 그냥 마네킹에 입혀 놓은 대로 한 벌을 구입하는 것도 나름 아이디어다.

•• **커플이 함께 업그레이드해야 스타일이 산다**

내 동생만 해도 그랬다. 결혼 며칠 전까지만 해도 사람은 내실이 중요하지 눈에 보이는 게 뭐가 중요하냔 식이었다. 옷 한 벌 사면 마르고 닳도록 입으면서도 여윳돈 생기면 여행부터 떠나고 각종 디지털 기기를 사들이며 살았다. 그러던 녀석이 결혼과 동시에 완전히 달라졌다.

그 뻣뻣하던 머리도 퍼머를 해서 살랑살랑 넘기고 분홍색 셔츠에 와인색 카디건을 걸치고 나타났다. "아이 참! 너무 야하죠. 사다 놓고 입으라니 안 입을 수도 없고……" 하며 쑥스러운 표정을 짓는다. 홀랑 벗은 것도 아니고, 분홍색 셔츠 하나로 야하긴! 얼마나 훤하고 예쁜지 올케에게 감사할 지경이다.

나만 예쁘게 보이려고 하지 말고 감각 없는 남자도 동반해서 업그레이드해야 하는 것이 새색시의 기본 사양이다. 저는 명품 원피스로 쫙 빼입고 머리까지 굼실굼실 세팅하고는 색색깔 보석이 박힌 수공예 구두를 신고 나서면서 남편에겐 후줄근한 티셔츠나 입혀서 머슴처럼 끌고 다니는 일은 제발 없기 바란다.

•• 스타일은 그 사람의 가치관을 드러낸다

그렇다고 해서 아예 남자에게만 지극 정성 들여가며 돈을 퍼부으라는 얘기는 아니다. 또 아예 그를 인형 다루듯 옷 갈아입히기 놀이를 하라는 것도 아니다. 아니, 절대로 그래서는 안 된다. 그에게는 그만의 라이프스타일이 있고 가치관이 있으니 내 스타일을 강요할 수는 없는 노릇이다. 다만, 아무래도 초기에는 사람 속을 속속들이 들여다볼 수 없으니 우리 가족이나 내 친구들에게 가급적 멋지게 보이기 위해 스타일 좀 살려 놓으라는 얘기다.

희한하게도 사람들은 촌스러운 사람보다 스타일 좋은 사람에게 함부로 대하지 못하는 경향이 있다. 외모가 세련된 사람은 사고방식이나 라이프스타일도 세련될 것이)란 생각 때문인 것 같다. 세련된 사람을 섣불리 트집 잡았다간 외려 자기가 흠이 잡힐 수도 있다고 생각하는 것이다.

어쨌거나 요즘은 감각 없고 촌스러운 느낌만큼 마이너스 요소도 없다. 어떤 일을 하든 감각 없는 사람은 인정받기 힘들다. 감각이라는 게 꼭 외모나 스타일을 가리키는 것은 아니지만, 사람의 스타일이란 게 그 사람의 가치관과 직결되어 있다 보니 자신을 잘 드러내기 위해서라도 패션에 신경을 써야 한다. 조금만 인내심과 정성을 발휘하면 촌티를 확 벗겨내고 호감형 코디로 그를 무장시킬 수 있다.

Briefing Chart

사람은 옷이 날개다. 연출하기에 따라 분위기가 달라질 수도, 사람의 격조가 달라 보일 수도 있다. 결혼을 앞두고서는 내가 예뻐지는 것 못지않게 그를 돋보이게 만드는 것이 중요하다. 특히 부모님이나 친구들에게 그를 선보일 때는 두 사람이 함께 업그레이드되어야 스타일이 산다는 것을 기억해야 한다.

상황별 설정,
가식이라고 욕할 것 없다

내숭, 가식, 설정, 연출……. 이런 말들은 기본적으로 진실과는 거리가 멀다. 어떤 것을 꾸미고 포장하고 과장하는 것을 가리키는 단어들이니 말이다. 이런 단어들은 마땅히 '비도덕' 또는 '부도덕' 등의 뉘앙스를 풍긴다. 그러나 앞에서 말했던 스타일 살리기도 일종의 설정이고, 시댁 식구와의 관계 설정도 연출 중 하나다.

친구들과의 관계를 돌이켜 보면 쉽게 이해할 수 있다. 어떤 그룹의 친구들과는 집으로 찾아가서 하루 종일 웃고 떠들고 뒹굴며 놀고, 또 어떤 그룹의 친구들과는 영화나 보고 차 한 잔 한 뒤에 헤어지는 것이 정해진 코스인 경우도 있다. 또 어떤 그룹의 친구들과는 아예 처음부터 술집에서 만나기도 한다. 가족과의 관계도 상황에 따라, 대상에 따라 대처법이 달라진다.

이해하기 쉽게, 그것을 상황별 설정이라고 표현해 보자. 친척들이 찾아왔을 때는 좀 오버를 해서라도 시어머니 체면을 세워 주면 좋고, 함께 쇼핑 갈 일이 있으면 모녀 사이로 살짝 위장해서 주변의 찬사와 부러움을 자아내도 좋다. 또 빠져나오기 힘든 자리가 있을 때는 남편을 끌어들여 살짝 일어설 핑계를 만들어낼 수도 있다. 우리에게 설정이란 일종의 처세법을 가리키는 말인 셈이다.

나도 지금은 분가를 했지만, 시댁에서 살 때는 대외용 특별 '레시피'를 몇 가지 준비해 두고 있었다. 시어머니 친구들과 고모님들, 이모님들처럼 시어머니에게 영향력이 있는 분들은 특별 관리 대상이다. 나는 '시어머니의 친구들 앞에서는 최대한 세련되고 잘나가는 척, 고모님들이나 이모님들 앞에서는 최대한 밝고 소탈하게'라는 행동강령을 갖고 있었다. 이런 설정은 알게 모르게 우리 시어머니의 성향을 반영하고 있다. 친구들 앞에서는 잘 난 며느리 얻었다고 폼 재고 싶고, 가족 앞에선 사람 잘 들어와서 집안 분위기가 환해졌다는 얘기를 듣고 싶어 하기 때문이다.

다행스럽게도 고모님들, 이모님들 모두 까다롭기로 소문난 분들인데도 나를 친조카처럼 예뻐해 주셔서 나도 진심으로 반가워하며 편하게 대할 수 있었지만, 그래도 대외용 설정을 의식하며 행동하는 것과 아닌 것에는 다소 차이가 있다. 손님들이 오시면 평소에는 잘 안 하던 설거지도 열심히 하고 과일도 예쁘게 깎는다. 또 일부러 소문난 떡집이나 과자점에 가서 이런저런 간식도 사다 드린다. "이집 떡이 하도 맛있다고 해서 일부러 종로까지 갔다 왔어요" 하며 떡바구니 내려놓는 조카며느리를 박대할 '강철 심장'은 그리 많지 않다.

조금 가식적이면 또 어떤가. 나쁜 뜻에서 상대를 속이는 것도 아니고 해코지하려는 의도도 없는데, 여우짓 좀 하면 어떤가. 어차피 시댁 식구와는 가슴 다 열고 허심탄회하게 지낼 수 있는 관계가 아니다. 적당한 선에서 상대의 경계를 침범하지 않는, 영리한 처세가 필요하다.

• • 친정은 영원한 백그라운드로 남겨 둬라

이런 식의 설정은 가족 간에도 필수적이다. 특히 시댁 식구 앞에서는 친정이 얼마나 화목하고 결속력 좋은 가족인지를 은근히 과시해 줄 필요가 있다. 친정이 워낙 부유하고 격조 있는 집안이라면 달리 그런 척할 필요도 없겠지만, 사는 것 자체가 그냥 평범한 수준이라면 가족애로 승부수를 던지는 것이 좋다.

"나는 친정이 콩가루 집안이라 시어머니를 어머니 삼고 싶어요" 하는 식으로 다가가면 '매우매우매우' 위험하다. 짧게 생각하기에는 마음을 열고 진정으로 시댁에 헌신할 사람처럼 여겨지겠지만, 듣는 사람의 무의식 속에는 '이 아이가 그리 귀하게 자란 아이는 아니구나' 하는 생각이 자리잡는다. 자기 집에서 귀하게 자란 아이는 밖에서도 함부로 대할 수가 없다. 그러나 물질적으로든 심정적으로든 집안에 든든한 백그라운드가 없는 사람에게는 왠지 막 대하는 것이 매몰찬 인지상정이다.

어떤 경우에건 시댁 식구 앞에서 친정 쪽 험담을 해서는 안 된다. 생각으로야 '사랑도 제대로 못 받고 불쌍하게 자란 아이니 내가 더 잘해 줘야지' 하지만, 자기도 모르게 '너는 이 정도만으로도 감지덕지해야 해' 하는 무의식이 작용할 수 있다는 말씀! 모쪼록 자기 자신을 귀히 여기는 태도가 몸에 배어야 시댁 식구도 당신을 함부로 대할 수 없다는 것을 잊지 마시라.

가식이든 연출이든 상관없다. 시어머니에게 사랑받고 주변 사람들에게 칭찬 받으며 결혼생활을 매끄럽게 유지하려면 여우 같은 처세법이 필요하다. 어차피 시댁 식구와는 가슴 다 열고 허심탄회하게 지낼 수 있는 관계가 아니니 만큼, 적당한 선에서 상대의 경계를 침범하지 않는 영리한 처세를 펼쳐야 한다.

양가의 팽팽한 줄다리기
조정하는 법

결혼을 앞두고 벌어지는 가장 골치 아픈 일이 바로 양가의 줄다리기다. 결혼 승낙이 떨어지고 나면 결혼식 날짜 정하는 것이나 예식장 선정하는 것에서부터 갈등이 시작된다.

날짜는 흔히 여자 측에서 잡는데, 애초에는 월경 예정일을 피하기 위해 생겨난 풍습이라고 한다. 요즘은 직장 여건 살펴서 본인들이 결정하는 경우가 많다. 그래도 택일을 복잡하게 따지는 집안에서는 피할 달, 피할 날짜 다 피해서 잡아야 한다고 고집을 부리기도 한다. 결혼식 날짜는 두 사람이 의논해서 양가에 허락을 구하는 형식을 취하는 것이 좋다. 이때 상대보다는 자신의 상황 때문이라고 애기를 꺼내야 무리가 없다.

• • 문제는 신랑 신부가 적극적으로 개입해야 해결된다

양가가 서로 다른 지역에 살고 있을 경우에도 매우 조심스럽다. 예식 장소를 선정할 때는 어느 한쪽에 가까운 지역으로 하는 것이 보통이다. 하객들 이동거리를 생각해서 중간 지점으로 정하는 경우도 종종 있지만, 이 경우 양쪽 모두 불편을 겪을 수도 있다. 어느 한쪽이 집안 첫 혼사를 치르는 경우에는 '개혼'이라 하여 해당 지역에서 하는 경우가 많다. 처음 혼사를 치르는 분들의 번거로운 마음을 배려하고 첫 혼사인 만큼 하객이 많을 것을 대비해 편의를 봐준다는 의미다.

그러나 이때도 양가의 자존심 대결이 있을 수 있다. 특히 아들 가진 부모들이 유세가 심한데, 단지 신랑 쪽이라는 것만으로 대접을 받으려 드는 것이 문제다. 정히 양가의 입장 차이 때문에 결정하기 어렵다면 두 사람의 직장이 있는 지역으로 정하는 것이 좋다. 결혼식은 친척들이나 부모님 손님이 대부분이긴 하지만 어른들에게는 관광버스로 이동하며 차 안에서 잔치 한판 벌이는 문화가 있지 않은가.

또 어차피 결혼식의 주인공은 신랑 신부이고, 직장 동료나 친구들이 개인적으로 이동할 경우에는 교통비 지급 등의 문제가 있어 배보다 배꼽이 더 커지는 경우가 많다. 친구들이 많이 올 터라 직장 근처에서 한다면야 굳이 마다할 이유가 없으니 두 사람이 적절히 합의를 봐서 어른들을 이끌도록 한다. 양가에 불필요한 마찰이 생길 경우, 모든 문제는 신랑 신부가 적극적으로 개입해야 해결된다.

더 큰 문제는 혼수나 예단 때문에 자존심 싸움이 벌어지는 경우다. 이런 문제가 표면화되면 회복할 수 없는 상처가 생길 수 있으므로 초반에 두 사람이 적극적으로 달려들어 조절해야 한다. 이때는 집안이나 부모님의 수준보다는 두 사람의 수준을 감안해 모든 것을 주체적으로 진행하려는 태도를 가져야 한다. 처음에 혼수나 예단 때문에 마찰이 있었는데, 시간이 가면서 잘 해결하고 행복하게 살았다는 집은 단 한 집도 못 봤다. '아닌데, 아닌데' 하면서 끌려가지 말고 돈 문제 때문에 트러블이 생기는 결혼이라면 진지하게 다시 한 번 고려해 봐야 한다.

그 외에도 결혼식 전후로 양가의 줄다리기가 불거질 일은 얼마든지 있다. 이 모든 문제는 두 사람이 주도적으로 이끌어 가지 못한 탓에 생긴 것이라고 할 수 있다. 갈등이 불거질 때는 서로 양쪽 집안 핑계 대지 말고, "내가 싫다", "우리가 원한다"로 소신 있게 밀고 나가야 한다.

Briefing Chart

결혼식을 앞두고 양가의 줄다리기가 벌어지는 일이 종종 있다. 서로 다른 문화 속에서 살아온 사람들이 모여서 중대사를 진행하자니 당연한 일이기도 하다. 이때는 신랑 신부 당사자의 태도가 중요하다. 특히 양가의 자존심 대결이 벌어질 경우 부모님 탓만 하고 앉아 있을 게 아니라 적극적으로 개입해야 한다.

결혼 전 포지셔닝이
평생을 좌우한다

 복잡하고 어려운 관계도 생각해 보면 다 인간관계의 일종이다. 학교나 직장에서 맺는 인간관계와 크게 다를 것이 없다는 얘기다. 그러다 보니 당연하게도, 첫인상과 상호 간의 초기 관계 설정이 평생을 좌우할 수도 있다. 특히 어느 한쪽이 일방적으로 다른 한쪽의 기세에 눌리면 관계 설정에서 회복할 수 없는 마이너스 요소가 나타나기도 한다.

그렇다고 해서 남편이나 시부모와 기싸움을 하라는 얘기는 아니다. 가족은 서로 기를 꺾어서 우위를 점유하는 관계가 아니라 상대의 기를 살려 주며 함께 나아가야 하는 관계이기 때문이다. 요즘은 고부간에 기싸움을 하는 집안이 제법 많다고 한다. 여기저기서 들려오는 애기를 듣고 있자면, 참 기도 안 차는 애기들이 수두룩하다.

어쨌거나 초반에 '만만한 사람', '쉬운 사람' 등으로 각인되면 결혼생활이 팍팍해지는 것은 하루아침이다. 그건 남편에게나 시댁 식구에게나 마찬가지다. 친구들 사이에서도 A 앞에만 가면 펄펄 날며 온갖 잘난 척을 다하는 친구가 B 앞에만 가면 왠지 얌전한 고양이처럼 눈만 껌뻑이며 심부름이나 해주는 경우를 봤을 것이다. 똑같은 이치다. 그 친구는 B에게 약점을 잡혔거나 처음부터 기세가 눌렸거나 둘 중 하나다.

먼저 결혼할 사람과의 관계부터 되짚어 보자. 그와의 관계에서는 어느 쪽이 칼자루를 쥐고 있는가? 그가 내 말이라면 죽는 시늉이라도 해주면 좋으련만, 그 반대라도 이젠 어쩔 수 없다. 결혼을 코앞에 두고 있다면 그와의 관계를 되돌리는 데는 한계가 있다. 그러나 아주 방법이 없는 것도 아니다. 결혼생활의 룰을 만들어 가는 결혼 직전과 직후에 각별히 신경 쓰면 새로이 시작되는 시댁 식구와의 관계는 더 전략적으로 이끌어 갈 수 있다. 남편과의 관계도 그 안에서 새로 정립하면 된다.

예를 들어, 시댁에서는 힘들어도 입 꾹 다물고 집안 잔일 처리하는 알뜰한 사람으로 보이는 것보다는 똑똑한 며느리로 보이는 것이 여러 모로 편하다. 특히 시누이에게는 결혼 전부터 만만하게 보이면 큰일 난다. 손위 시누이는 올케를 일꾼 다루듯 하려는 경향이 있고, 손아래 시누이는 은근히 부려먹으려는 본능이 있다. 줄 수 있는 건 베풀면서도 정도를 넘지 않는 범위 내에서 칼 같이 자를 줄도 알아야 얕잡히지 않는다.

양보와 배려는 결혼생활뿐만 아니라 모든 인관관계에서 기본이 되는 덕목이지만, 선택권이 있을 때마다 희생하고 손해 보는 쪽을 택하면 결국 모두 나를 그렇게 대우하게 된다는 점도 분명히 기억하라. 모처럼 친구들과 주말에 만나기로 했는데 시어머니가 "이번 주 토요일에는 가족끼리 꽃게찜 해먹자" 한마디한다고 해서 찍소리도 못하고 와르르 무너지면 안 된다는 얘기다. 그 꽃게찜이 맛있을 리 있겠는가. 주말에 가족과 함께 식사하는 것도 중요하지만, 친구들도 평생을 가져가야 할 관계임을 잊어서는 안 된다. 시도도 안 해보고 알아서 기면서 시어머니가 야속하다고 원망하지 말자. 이럴 때는 "어머니 죄송한데요, 이번 주에는 제가 중요한 모임이 있는데, 다음 주에 저랑 같이 시장에 가시면 어때요?" 하는 식으로 자신의 의지를 분명히 드러내면서 시어머니에게도 손쉬운 선택권을 줘어 주면 좋다. 시어머니 입장에서는 마음먹은 대로 이번 주에 꽃게찜을 못 하니 서운하지만, 다음 주에 함께 가자고 하니 이 또한 거절하기 어려운 제안이 되는 셈이다. 얄미운 며느리로 찍히지 않으면서도 제 실속을 챙기는 비법, 다 자기 하기 나름이다.

그러나 시어머니가 만만치 않게 나오는 경우도 있다. 사사건건 잔소리와 트집으로 며느리를 잡으려 드는 경우다. 이때 주로 소재가 되는 것은 시어머니의 주특기다. 주특기라고 해봤자 밥, 청소, 빨래 같은 살림살이가 대부분이다. "아들 출근하는데 아침밥은 해 먹여 보냈느냐", "봄에는 개가 도통 입맛 없어 하는데 반찬은 뭘 해 먹이느냐", "베갯잇은 주말마다 삶아 주느냐", "청소는 언제 했기에 방바닥이 이렇게 서걱서걱하냐" 등등 끊임없이 잔소리를 해댄다. 초보주부가 살림을 알뜰하게 한들 30~40년 경력의 베테랑 눈에 차겠는가. 그러니 잔소리를 하자면 한도 끝도 없다.

이런 시어머니들의 특징 중 하나가 그나마 아들이 옆에 있을 때는 아무 소리를 안 한다는 것이다. 친구들이나 이웃에도 며느리 칭찬을 아끼지 않는다. 일단 자신이 좋은 시어머니 역할을 맡아야 하기 때문에 며느리 험담 따위는 절대 할 수 없다. 그러나 뭐라고 반발하기 힘든 얘깃거리들을 찾아내 다른 사람들 모르게 은근히 압력을 행사하는 지능적인 수법을 사용한다. 그렇게 해서 자신이 며느리보다 우위에 있음을 시사하고 싶은 것이다.

이럴 때는 시어머니가 꼬집는 그 일 자체를 두고 변명하기보다는 "내가 잘하는 게 별로 없다. 하나씩 배워 나가겠다"로 일관하는 게 상책이다. 당장 고치겠다고 호언장담을 했다가는 사서 고생하는 꼴이고, 우린 우리 방식대로 살 테니 상관하지 말라고 했다간 집안 분란 일으키기 딱 좋다. '네, 어머니 잘나셨습니다'

하며 껌뻑 죽는 시늉을 해주면 만사 OK! "아유, 저는 어머니처럼 안 돼요. 빨래를 삶았는데도 이렇게 누렇네요. 이것도 다 경력이 붙어야 하나 봐요" 하며 웃음으로 넘어가는 게 제일 좋다. 이런 시어머니들은 일단 자신이 상전임을 확인시켜 주기만 하면 의외로 선선해지는 경향이 있기 때문에 요령껏 대처해야 한다.

결혼도 인간관계의 일종이다. 초반에 '만만한 사람', '쉬운 사람'으로 찍히면 결혼생활은 하루아침에 팍팍해진다. 그래서 초반 관계 설정이 중요한데, 시부모든 시누이든 일단 입안의 혀처럼 굴며 말로 구워삶아야 한다. 한마디 양보하고 하나를 얻어내는 기술을 터득하라.

얄미운 시누이
내 편으로 끌어들이기

얼마 전 명절을 앞두고 진행된 여론 조사 결과를 보니 '명절에 제일 꼴 보기 싫은 사람' 1위에 시누이가 랭크되었다. 가만히 누워서 심부름 시키는 남편보다, 일꾼 부리듯 불러대는 시어머니보다 더 미운 게 시누이라는 것이다. 집만 바뀌면 일순간에 저도 며느리면서 올케만 보면 상전 역할을 하려드니 견딜 수가 없다는 얘기다. 대부분의 시누이들은 명절에 친정에 오면 일단 드러눕는다. 소파고 아랫목이고 상관 없다. 친척들이 계시건 아버지가 계시건 상관 없다.

"아이고, 엄마! 나 죽겠어!"

이 한마디면 모든 것이 용서된다. 얼른 가서 허리 펴고 누우라며 시어머니까지 호들갑 떨며 가세한다. '여기도 죽는 사람 하나 더 있는데……' 하고 속으로 외쳐 봤자 아무 소용없다. 시누이가 '저희 집'에 올 때까지 아직 '우리 집'에 못 간 내가 죄인이지.

•• 나도 우리 집에서는 귀한 딸인데요

한 친구가 작년 추석에 겪은 일이다. 아침에 차례 지내고 나서 손님 치르느라 저녁때가 다 되도록 허리 한 번 제대로 못 폈다. 이제 손님도 얼추 다 다녀가신 것 같고 어느덧 하루 일과도 슬슬 마무리되고 있으니 이 친구도 친정에 다녀오려고 준비를 하고 있었다. 그런데 시어머니 왈, "애들 고모 온다니 기다렸다 상 차려 주고 가거라" 하더란다. 아니, 나도 우리 집에서는 귀한 딸이고 우리 엄마도 나를 기다리고 있을 텐데, 자기 딸 온다고 날 붙잡아 두다니, 너무너무 서운하고 화가 치밀었단다. 그러나 어쩌랴, 시누이 자리와 올케 자리는 애초에 다른 것을…….

어쨌거나 그래서 시누이가 오기를 기다리는데, 8시가 넘고 9시가 넘도록 안 오더라는 것이다. 짜증스러워 하는 이 친구를 보다 못한 남편이 누나에게 전화를 해보니, 가는 길에 영화 한 편 보고 지금 막 극장에서 나오는 중이라고 하더란다. 결국 이 집 시누이는 10시가 넘어서야 들어와 떡하니 손님상을 받았고, 내 친구는 다음날 아침까지 차려 먹인 뒤에야 친정에 갔다는 것이다. 명절에 극장에 갔다면 당연히 오래 전에 예매를 했을 텐데, 굳이 일찌감치 전화해서 사람을 붙들어 두어야 했을까. 한밤중에 들어온 딸을 보고도 아무 말 없는 시어머니도 야속하기 그지없더란다.

99

'때리는 시어머니보다 말리는 시누이가 더 밉다'는 옛말은 가만히 생각해 보면 참 가슴 아픈 이야기다. 시어머니가 며느리를 때린다는 얘기도 그렇지만, 시누이는 또 얼마나 얄밉게 굴며 말리는 척만 했기에 그리도 미웠을까.

며느리가 되면 시어머니가 종종 부당하게 대해도 참아야 할 때가 있다. 어른이니 그렇고, 사랑하는 사람의 어머니이니 그렇다. 그런데 시누이는 상황이 조금 다르다. 나이 차이가 많이 나는 누나라면 그래도 손윗사람이니 견딜 만한데, 동생이 빈정거리거나 삐딱하게 나오면 때려 줄 수도 없고 애가 탄다.

어쩌다가 우리나라는 시동생에게도 '도련님, 아가씨' 하면서 말을 높이는 풍습이 생겨났는지 모를 일이다. 며느리가 무슨 하인도 아니고……. 시동생들도 마찬가지다. 호칭만 '올케언니, 형수님'이지 부담 없이 부리기 좋은 사람으로 낮춰 취급하기 십상이다. 올케나 형수는 시동생들의 요구를 거절할 수 없는 사람쯤으로 여기는 것 같은 인상을 지울 수가 없다. 오죽하면 '며느리는 시댁 개보다 서열이 낮다'는 말까지 생겨났을까.

물론 요즘은 남편의 형제들과 스스럼없이 지내는 여자들도 많다. 손위 시누이를 부르는 '형님'이란 단어 대신 '언니'가 통용되기도 하고, '올케'라는 호칭 대신 이름을 부르기도 한다. 나만해도 남편의 누나를 언니라고 부른다. 그러나 시누이는 어디까지나 시누이, 편하다고 해서 방심하면 절대 안 된다. 또 그들이 온전히 내 편이라며 접근해 와도 액면가 그대로 믿는 것은 정신 나간 짓이다.

팔은 안으로 굽는다고, 어쨌거나 시누이는 시어머니 편이고, 자기 오빠나 동생 편이다. 남편과 마찰을 겪을 때 전적으로 제 핏줄 편을 들 게 뻔하다. 말로는 "재가 미쳤나 봐. 어떻게 제 정신으로 그런 짓을 했는지 몰라" 하지만, 뒤에서는 "너는 좀 눈치껏 행동 못 하니?" 하며 올케를 견제하는 이가 시누이다.

우리 시누이만 해도 그렇다. 나이가 한 살 차이라서 친구처럼 지내고, 또 어쩔 때는 친언니처럼 다정하게 대해 주면서도 "어쨌거나 결정적인 순간에는 팔이 안으로 굽지 않겠니?" 한다. 그게 솔직한 거다. 무조건 내 편이라며 입속의 혀처럼 군다면 그것이 오히려 이상한 일이다. 거리를 두고 적당히 친하게 지내는 편이 실수를 예방할 수 있는 방법이다.

• • 시누이를 내 편으로 포섭하는 방법

가장 좋은 방법은 시누이를 시댁 식구라고 생각하지 말고, 직장 동료 정도로 생각하는 것이다. 직장에서는 마음에 안 드는 선후배들과도 웃는 얼굴 내보이며 지내야 하는 것처럼, 내 쪽에서 먼저 마음을 너그럽게 가져야 한다. 직장에서는 상대의 나이가 어리다고 해서 함부로 대할 수도 없고, 나를 귀여워해 주는 선배나 상사라고 해서 버릇없이 굴 수도 없지 않은가. 친하게 지내면서도 늘 적당한 거리를 두고 관계를 관리하다 보면 무난히 잘 지낼 수 있다.

사실 가족이나 형제라서 봐줄 거라는 기대 자체를 하지 않으면 된다. 까다로운 동료라면 웬만하면 충돌을 피하고 배려하며 아량을 베풀지 않는가. 그냥 남이라고 생각하면 된다. 기대하는 것이 없으면 실망도 적다. 기념할 만한 날이면 선물이나 봉투를 준비해 우애를 다지고, 가끔 함께 쇼핑을 하며 동지애를 다지면 된다. 그렇게 생각하면 매사가 한결 쉬워진다.

Briefing Chart

같은 딸이고 며느리면서도 시누이 입장에 서면 항상 배타적인 관계가 되고 마는 시누이와 잘 지내려면 얄미운 직장 동료 대하듯 웬만하면 충돌을 피하고 배려하며 아량을 베풀어야 한다. 기대가 낮아야 실망도 적은 법, 손위 시누이든 손아래 시누이든 먼저 베풀어 동지애를 다져 놓아야 시집살이가 수월해진다.

호랑이 시어머니도
살살 녹이는 필살기

 들은 애긴지 기억은 안 나지만, 참 명언이라고 생각한 말이 바로 '시어머니를 우연히 알게 되어 친구가 된 동네 아주머니 대하듯 하면 트러블 생길 일이 없다'는 것이다. 맞는 말이다. 동네 아주머니와 친구가 되었다면 서로 기분 나쁠 일이나 서운할 일이 뭐가 있겠는가. 항상 웃고, 오며 가며 인사하고, 전이라도 한 장 부쳤을 때 나눠 먹으면 이웃 간에 알콩달콩 정이 샘솟지 않겠는가.

시어머니와 큰소리 내고 싸웠다는 며느리 얘기도 종종 들었지만, 시어머니도 사람인데 웃는 낯에 침 뱉을 수 있겠는가. 며느리가 생글생글 웃으며 상냥하게 대하는데도 사사건건 트집을 잡고 하루에도 몇 번씩 마음을 긁어댄다면 그건 시어머니가 정상이 아니다. 어른이라고 해서 모두 어른스럽고 너그러운 건 아니기 때문에 얼마든지 미성숙하거나 수양이 부족한 시어머니도 있다는 사실을 기억해야 한다. 사람의 성격이나 스타일은 나이가 들어서도 변하지 않는다.

시어머니에게는 진심으로 대하는 것이 서로 편하고 좋지만, 그렇다고 해서 말이나 행동까지 마음 가는 대로 해서는 안 된다. 시어머니는 엄마가 아니다. 엄마와 나는 서로 성격이나 스타일을 훤히 알고 있기 때문에 오해의 소지도 적고, 설혹 오해가 생겨도 푸는 것이 그리 어렵지 않다. 또 수십 년을 함께해 온 경험과 추억이 있기 때문에 상대의 입장을 이해하는 데도 너그럽고 탄력적이다. 엄마야말로 언제든지 믿을 수 있는 아군이다.

그러나 시어머니는 다르다. 시어머니와 친하게 지내기 위해서는 노력을 해야 한다. 시어머니와 며느리는 서로 좋아서 만난 사이가 아니라, 아들이자 남편인 남자가 중간에 있어 어쩔 수 없이 맺어진 관계다. 여기에는 앞서 시누이를 직장 동료 대하듯 했던 것처럼, 적당한 처세술이 필요하다. 이름 하여 '며느리 처세술'이다.

시어머니와 친해지는 노하우 중 뭐니 뭐니 해도 첫 번째 비책은 '머니'다. 세상에 돈 싫다는 사람 어디 있는가. '곳간에서 인심 난다'고, 시어머니도 내 지갑이 두둑해야 며느리에게 아량을 베푸는 법이다. 특히 시어머니가 경제적인 능력이 없는 사람이라면 용돈만큼 요긴한 것이 없다. 옷을 사 드리는 것보다, 여행을 보내 드리는 것보다 일상의 갈증을 달래 줄 용돈이 최고의 선물이다.

다달이 얼마간 용돈을 드리는 것은 기본, 친척집이나 여행을 가실 때는 좀더 두둑하게 챙겨 드려야 친구들이나 친척들 앞에서 며느리 자랑을 할 수 있다. 용돈이라고 해서 꼭 많이 드려야 하는 것은 아니다. 친구 만나러 나가실 때 친구랑 점심 사 드시라고 1~2만 원 챙겨 드리는 것만으로도 충분하다. "우리 며느리가 점심 값 주던데, 추어탕이라도 먹을래?" 하며 은근히 자랑을 하실 게 분명하다.

돈과 비슷한 효과를 내는 것이 선물이다. 선물이라고 해서 꼭 생신이나 어버이날, 명절 같은 때 형식을 갖춰서 해야 하는 것도 아니다. 이런 날은 오히려 목돈 들여 선물을 준비해도 큰 감동이 없기 십상이다. 선물은 평상시에 작은 것이라도 진심을 담아서 하는 것이 효과적이다. 아무 날 아닌 때, 전혀 기대하고 있지 않을 때 건네는 선물이 더 감동적일 수 있다. "오는 길에 세일을 하길래 하나 사왔어요" 하며 싸구려 파자마 하나 내밀어도 시어머니들은 좋아하신다.

그러나 시어머니가 멋쟁이라면 옷이나 패션소품은 좀 조심스럽다. 겉으로는 "그래, 고맙다" 하고 받으면서도 속으로는 '이딴 걸 누구 입으라고 사온 거야? 젊은애가 감각도 없지' 할지도 모른다. 그리곤 장롱 한 구석에 처박혀 영영 밝은 빛을 못 보게 될

지도 모르니 선물을 살 때는 시어머니의 취향을 꼼꼼히 분석해야
한다. 아무래도 어렵다면 차라리 "이걸로 샌들 하나 사세요" 하
며 돈으로 드리는 편이 낫다. 나는 직접 사러 다니는 수고를 덜어
서 좋고, 시어머니는 쇼핑의 즐거움까지 선물로 받을 수 있으니
일석삼조인 셈이다.

· · 여자로서 함께 즐기는 둘만의 시간

　종종 특별 서비스로 해 드리면 좋은 것이 둘이서 외식이나 쇼
핑하기, 목욕탕 함께 가기, 영화관 가기, 미용실에 퍼머하러 함께
가기 등이다. 우리 시어머니는 친구가 많아서 외식과 쇼핑이 잦
다. 하지만 젊은 사람들이 좋아하는 곳에 가서 새로운 메뉴를 맛
보여 드리면 두고두고 말씀을 하곤 하신다. 미장원도 좋은 것이,
파마 한 번 하려면 대기시간에 머리 말고 기다리는 시간 다 해서
3~4시간이 넘게 소요된다. 그 틈에 나란히 앉아 이런저런 이야
기를 나누다 보면 아주 가까워지는 느낌이 든다. 특별한 대화거
리가 없으면 미장원에 있는 잡지를 뒤적이며 기사와 관련된 대화
를 나눠도 어색하지 않다.

　시어머니에게 사랑받는 필살기를 하나로 요약하자면 바로
'소외되었다는 느낌이 들지 않게 해 드리기'다. 나이가 들수록
두려운 것이 자식들에게 소외되는 것이라고 한다. 좀 어이없는
이야기지만 나이가 들면 '재들이 나만 쏙 빼고 좋은 데 가지 않
나' 하는 생각이 절로 든단다. 게다가 '저것이 저는 젊다고……'
하는 생각을 하게 되면 젊은 며느리에 비해 늙고 볼품없는 자신

에게 화가 나 더욱 짜증을 부리게 된다. 시어머니도 어쩔 수 없는 여자다. 종종 시어머니와 함께하는 둘만의 시간을 만들어 같은 여자로서 함께 즐기고 있다는 생각이 들게 해 드리면 며느리 잘 얻었다는 생각이 절로 드실 것이다.

어른이라고 해서 모두 어른스럽고 너그러운 건 아니다. 시어머니 중에는 인격적으로 문제가 있거나 수양이 부족한 사람도 많다. 말로 안 통하는 시어머니의 마음을 사로는 데는 돈만한 것이 없다. 적당한 용돈과 선물, 여기에 시간을 함께 보내며 자신이 '뒷방 늙은이'로 전락하지 않았다는 것을 느끼게 해주면 OK!

가재는 게 편,
그 앞에서 시댁 흉보지 마라

 좋아라 박자 맞출 사람은 없다. 그건 나도, 그 사람도 마찬가지다. 그 사람이 우리 가족 험담하는 게 듣기 싫다면, 그도 내가 자기 가족에 대해 이러쿵저러쿵 이야기를 해대는 것이 듣기 좋지만은 않을 것이다. 게다가 남자들에겐 자기 가족을 보호해야 한다는 막연한 책임감이 있어 자기 식구 이야기라면 작은 일에도 발끈하며 핏대를 올리는 경향이 있다. 이런 문제는 작은 말다툼에서 시작해 큰 싸움으로 불거질 소지가 농후하므로 평소에 말조심하는 것이 좋다. 부부 싸움은 두 사람의 문제보다는 가족 문제, 특히 시댁 문제 때문에 발생하는 경우가 더 많으므로 주의해야 한다.

•• 자식은 몰라도 며느리는 그러면 안 돼!

특히 문제가 되는 것은 그의 가족에게 정말 문제가 있고, 그 사람도 그런 문제에 치를 떠는 경우다. 예를 들어 엄마를 무시하거나 폭력적인 아버지, 바람피우다 이혼 당한 형, 다단계에 빠져 집안을 말아먹은 누나처럼 세상 사람 모두 비난받아 마땅하다고 생각하는 상황에 처했을 때다.

"우리 형이 미쳤어. 그 착한 형수를 버리고……."

"아버지 땜에 미치겠어. 차라리 엄마랑 이혼했으면 좋겠어."

자기도 얼마나 속이 상하고 민망했으면 그런 얘기를 하겠는가. 이때 자칫 방심하면 "당신 아버지 정말 나쁘다. 나라도 용서 못 할 것 같아"라고 대꾸하기 십상이다. 바로 그 순간, 남자들은 기분이 확 상한다.

"난 그래도 넌 그렇게 말하면 안 되지. 넌 며느리잖아."

남자들의 주장은 항상 이런 식이다. 나는 욕해도 다른 사람이 손가락질하는 것은 절대 참을 수 없다는 얘기다. 도대체 어느 장단에 춤을 추라는 얘긴지…….

•• 도를 지나쳐 어머니만 싸고도는 남편

내 친구 중에는 시부모의 부부 싸움이 너무 심한 집이 있다. 그런데 이 '착한 아드님'께서는 엄마의 하소연을 들어주기 위해 한밤중이라도 마다하지 않고 서울에서 대전까지 차를 몰아 달려가곤 했다. 결혼한 지 10년이 되었고 어른들도 칠순이 넘었건만 아직도 달라진 것이 없다. 또 싸움이 장기화되면 시어머니는 말도 없이 아들네 집으로 찾아와 한 달씩 지내다 가기도 한다. 어쩌다 한 번이면 누가 문제 삼으랴, 그런 일이 일 년에 두세 번은 벌어지니 심각하다는 것이다.

이 친구 남편은 4형제 중 셋째 아들인데, 시어머니에게는 이 아들이 어릴 때부터 딸 같은 존재였던 모양이다. 어쨌거나 이 집 남편, 처음 2~3년간은 너무너무 미안해 하고 눈치를 보더니 번번이 똑같은 일이 반복되자 점점 더 뻔뻔하게 나오더란다. "그게 그렇게 못 참을 일이야? 당신 너무 노골적으로 싫은 내색하지 마" 하더란다. 자기 어머니는 평생 그렇게 불쌍하게 사셨으니 자기라도 뜻을 받아 줘야만 한다는 것이 아들의 주장이었다.

이 친구는 해가 갈수록 경우 없는 시어머니가 싫어지고, 폭력적인 시아버지가 용서가 안 되고, 이제는 남편조차 짜증스럽다고 한다. 어머니 일이라면 만사 제쳐 두고 달려가면서도 정작 자기 가정을 어떻게 돌봐야 하는지는 생각도 안 하는 남편을 이해할 수 없다고 했다. 남편이 하도 어머니를 싸고도는 통에 할 말이 없어 입 다물고 살아왔지만, 그로 인해 야기되는 여러 가지 문제 때문에 결혼생활을 계속 유지해야 할지 말지 고민 중이다.

• • 입장 애매할 때는 부정적인 표현은 금물

딱히 문제가 없는 경우에도 마찬가지다. 남자들은 심지어 자기 엄마가 해준 음식을 먹으며 아내가 "좀 짜네" 했다고 해서 그것을 엄마의 음식 솜씨에 대한 비난으로 받아들이기도 한다. 아니, 음식이야 나도 짜게 만들 수도 있고, 친정엄마 음식 솜씨도 썩 내세울 만하지 않을 수 있는 거 아닌가!

우리 시어머니도 당신 입으로 "국이 좀 싱거운 것 같다"고 하셨다가 내가 "네, 좀 싱겁네요" 하면 "짜게 먹어서 좋을 거 없다더라" 하며 살짝 언성이 높아진다. 절대 비난하는 것이 아닌데도 일단 칭찬은 아니고 보니 기분이 좋지는 않으신 게다.

이런 일은 입장을 바꿔서 당해 보면 금방 알 수 있다. 친정에서 보내온 사과가 냉장고에서 오래되어 퍼석퍼석해졌을 때, 남편이 사과가 퍼석하다고 하면 반사적으로 '우리 집에서 퍼석한 사과를 보냈다는 거야?' 하는 생각이 든다. 우리 가족과 관련된 것이라면 부정적인 표현 자체가 싫은 것이다. 특히 상대가 내 가족이라는 느낌이 충분치 않은 결혼 직전이나 신혼 초에는 무조건 말조심하는 것이 최고다.

신혼에 겪는 부부 싸움의 가장 많은 원인은 시댁 문제다. 그가 어떤 식으로 나오건 며느리 입장에서는 해도 될 말이 있고, 해서는 안 될 말이 있는 법. 그가 내 사람이라고 믿고 속에 있는 말을 모두 해서는 안 된다. 입장을 바꿔서 생각해 보고 그가 자존심 상하지 않도록 주의해야 한다.

흐르르릉
언제는 밤새도록
팔베개해서 재워준다고
큰 소리 치더니...
이건
사기야
곱던 내 피부
이래~

결혼 전에 꼭 버려야 할 결혼의 허상

결혼을 앞둔 여자들이 해결해야 할 가장 중요한 과제는
바로 결혼의 환상에서 벗어나는 것이다.

남자들이 꿈꾸는 결혼은 안락하고 편안한 가정, 알뜰살뜰 예쁘게 살림하는 아내,
따뜻하고 풍성한 식탁 같은 것들인 데 반해
여자들이 꿈꾸는 결혼은 사랑의 완성, 완벽한 부부애, 둘만의 시간 같은 것들이다.

듣기에는 아무것도 아닌 바로 이런 기대들이 일상과는 거리가 먼 환상이 되어
'눈물의 씨앗'이 될 수 있음을 기억해야 한다.

그와 일심동체가 될 것이라는 야무진 꿈

'부부는 일심동체'라고 그 누가 말했던가! 누가, 왜 한 말인지도 모른 채 우리는 이 말을 진리처럼 떠받들고 살아왔다. 정말 그럴까? 결혼해서 부부가 되면 정말 그와 일심동체가 되는 것일까?

결혼 전에는 '부부'라는 말조차 신비롭다. 요즘 젊은이들을 보면 애인을 '여보'라고 부르며 두 사람의 애정을 과시한다. 미니홈피나 블로그 등에 서로 남겨 놓은 인사말을 보면 '세상 참 많이 변했다' 하는 생각이 든다. "우리 여보 홈피에 많이 놀러와 주세요~" 이런 코멘트를 보면 어느덧 내가 구시대 사람이 된 기분이 들 지경이다.

물론 결혼을 하지 않았어도 한 번쯤 그를 '여보'라고 불러 보고 싶은 마음이 이는 것은 당연하다. 결혼 전에 가장 아쉽고 욕심나는 것이 바로 두 사람 간의 일체감이기 때문이다. 아무리 사랑하는 사이라 해도 결혼하기 전에는 아직 온전한 관계가 아니라는 생각이 들 수밖에 없는데, 사랑에 미쳐 있을 때는 그와 내가 아직도 남이라는 사실이 견디기 힘들다. 나도 결혼하기가 무섭게 남들 앞에서 남편을 '여보'라고 부르고 싶었지만, 차마 입이 안 떨어져 '당신' 정도로 그치고 말았다. 그러니 그 마음, 누구보다 잘 안다고 자부한다.

어떻게든 상대를 내 사람으로 만들고 싶고, 나도 그에게 소속되고 싶은 것이 사랑의 속성이다. 사랑하는 상대가 나타나는 순간, 혼자서는 너무 불완전하다는 생각이 엄습하기 때문이다. 남달리 금슬을 자랑하던 부부가 이혼하거나 사별한 뒤 얼마 안 가 재혼해서 주변 사람들을 놀라게 할 때가 있다. '그렇게 사랑하는 척하더니 그새를 못 참고 결혼하느냐'며 손가락질을 받기도 하는데, 사실 그들은 안정적인 소속감에 익숙한 나머지 충만한 일체감이 없는 싱글 생활을 견디지 못하는 것이다.

나는 '내가 한 사람의 아내다'라고 생각하기까지 딱 1년이 걸렸다. 그런 생각을 하는 것 자체가 어려웠다거나 상황이 안 좋았다기보다는, 그저 그런 생각을 할 겨를이 없었다. 무엇보다도 결혼을 하고 나니 두 사람의 관계에 대해 더 고민하지 않았다. 두 사람의 관계 외에도 수많은 관계가 새로 생겨났기 때문에 그것만 감당하기에도 벅찼다. 그나마 우리 시댁은 단출해서 그만했지, 가족이 많은 집은 더 힘들 것이다. 쉬운 예로 세 번째 고모의 네 번째 아들이 누군지, 그 집 두 아들의 이름이 무엇인지는 1~2년 안에 익힐 수 있는 것이 아니다.

그렇게 상대의 생활에 익숙해지는 동안 시간이 흐르고, 서서히 부부로서의 관계가 정립된다. 마음 같아선 결혼식 끝나고 "신랑 신부 행진!" 신호가 떨어지면 바로 부부로서의 일심동체가 시작될 것 같지만, 꿈에 그리던 '로맨틱한 일심동체'는 좀체 경험하기 힘든 것이 현실이다. 초기에는 그저 두 사람이 마찰 없이 무난하게 지내는 것만으로 만족하고, 차차 살면서 일체감을 만들어간다고 생각하면 크게 틀리지 않다.

Briefing Chart

결혼 전에는 그와 내가 아직 온전한 관계가 아니라는 사실이 견디기 힘들어 안달이 난다. 그러나 결혼했다고 해서 일체감이 금방 생기지는 않는다. 신혼 초부터 '왜 이렇게 일심동체가 안 되는 거야!' 하며 짜증낼 필요는 없다는 얘기다.

외로움 따윈
이젠 '굿바이'라는 믿음

 모여 앉아서 이야기를 나눠 보면 결혼한 이유도 가지가지다. 그중에는 싱글 생활이 너무 지겹고 외로워서 결혼했다는 사람들이 종종 있는데, 그렇다고 해서 외로움이란 게 싹 가셔 주는 건 아니어서 종종 갈등의 소지가 되기도 한다. 마음속에 달랠 수 없는 외로움이 그득해 영원한 동반자를 얻고 싶어 결혼했다면 십중팔구 '뭐야, 이건? 혼자 살 때보다 더 외롭잖아!' 하는 생각을 하게 될 것이다.

나도 한때 그랬다. 침대에 나란히 누워 남편 코고는 소리를 듣고 있노라면 종종 외로움이 밀려든다. 온갖 일 생각에 머리는 아프고 장시간 회의와 야근에 몸은 지칠 대로 지쳤는데, 등 한 번

안 두드려 주고 저 혼자 마신 술기운에 이내 잠들어 버린다. 저하나 믿고 시집왔는데, 내가 결혼생활에 잘 적응하는지, 밖에서 힘든 일은 없었는지 걱정 한마디 없이 잘도 잔다. 이건 말 그대로 '결혼을 한 것도 아니고, 안 한 것도 아닌' 상황이다. 남편도 자기 일 때문에 바쁘고 힘들겠지 싶다가도 울컥 외로움에 가슴 저미는 것은 어쩔 수가 없다.

바로 이럴 때 여자들은 '내가 결혼 잘못했나?', '저 사람이 나를 사랑하긴 하는 걸까?' 하는 생각이 든다. 이건 결혼 전에 상상했던 것과는 달라도 너무 다르지 않은가. 저녁마다 사랑을 속삭이며 알콩달콩 살려고 했는데, 집안일 늘어난 것 외에는 혼자 살 때와 별로 달라진 게 없는 것만 같다. '이러려면 왜 굳이 같이 살아야 하지? 차라리 연애할 때가 훨씬 즐겁고 행복했던 것 같아' 하는 생각에 괴로워하는 여자들이 많다. 그러나 그렇게 '결혼의 현실'이란 걸 하나둘 깨닫는 것이다.

•• 외로운 두 사람이 따로 또 같이 가는 것

그렇다고 해서 너무 서운해 하거나 비관적으로 생각할 필요는 없다. 사람이란 본질적으로 외로운 존재다. 또 알고 보면 그도 내면 깊은 곳의 고독은 꺼내 놓지 못한 채 혼자 외로워하며 살고 있을지도 모른다. 남자라서 더 말하기 어려운 점도 있을 테고, 맞벌이를 하더라도 생활에 대해 남자가 느끼는 부담감은 여자보다 훨씬 더 클 수밖에 없다. 인생의 짐이 크면 외로움도 큰 법, 내가 외로운데도 그냥 방치해 둔다고 탓할 게 아니라, 그는 어디가 얼마나 아픈지 눈을 감고 쓰다듬어 봐야 한다.

그가 내 외로움을 몽땅 걷어내고 그 자리에 반짝반짝한 사랑만 그득 채워 줄 것이라고 기대하지 마라. 그 기대를 접는 것만으로도 외로움은 저만치 멀어진다. 외로움을 해소하는 방법은 스스로 찾아야지, 타인에게 의존해서는 절대 그 굴레에서 벗어날 수 없다. 어차피 혼자 가는 인생, 따로 또 같이 간다고 처음부터 맘 단단히 먹으면 한결 수월하다.

Briefing Chart

결혼한 뒤에도 외로움은 여전하다. 가끔은 결혼 전보다 더 깊은 외로움의 늪에 빠져 허우적거리기도 한다. 사랑하는 사람 곁에 누워서도 벗어날 수 없는 본질적인 외로움을 떨쳐 버리기엔 결혼생활은 너무나도 현실적이다. 그가 내 모든 것을 지켜 줄 것이라고 기대하지 말고 혹시 그는 외롭지 않은가부터 살펴라.

밤마다 핑크빛 무드가
피어날 것이라는 설렘

어릴 때부터 우린 첫날밤에 관심이 참 많았다. 중학교 때부터 이미 신혼여행 다녀온 선생님한테 첫날밤 애기를 해달라고 조르곤 했으니 말이다. 애길 해주면 알긴 또 뭘 아나……. "그래서 내가 먼저 샤워를 했는데……"까지만 나와도 벌써 자지러지며 어쩔 줄을 몰라했었다.

어쨌거나 나이가 들어서도 결혼을 하면 뭔지 모를 핑크빛 무드가 퐁퐁 샘솟아 오를 것 같은 설렘을 떨치지 못한다. 상상 속에선 이미 달콤한 배경음악이 깔리고 조명이 낮아지고 있다. 결혼은 곧 사랑하는 사람과 함께 자유롭게 잠자리에 들어도 좋다는 면허증과도 같은 것이기 때문이다.

그러나 꿈 깨시라! 신혼의 핑크빛 무드는 그리 오래가지 않는다. 특히나 맞벌이 부부라면 저녁에 함께 밥 먹기도 힘들다. 요즘은 신혼 첫날밤이 진짜 첫날밤인 사람도 드물 뿐더러 신혼의 달콤한 무드는 신혼여행에서 돌아오면 끝나고 만다.

신혼여행 다녀오자마자 현실은 성큼 다가온다. 양가에 인사 다녀야지, 집들이 해야지, 밀린 짐 정리에 하루하루가 피로의 연속이다. 그나마 한 사람이 집에 있다거나 야근 없이 꼬박꼬박 시간 맞춰서 퇴근하는 직장에 다닌다면 기회는 좀더 많아진다. 그러나 요즘 야근 없는 직장이 어디 있으며, 신혼이라고 봐주는 직장은 또 어디 있는가.

신혼집이든 아니든 집은 밖에서 쌓인 피로를 풀고 마음의 여유를 되찾는 공간으로서의 역할이 가장 크다. 여전히 아내가 예쁘고 사랑스럽긴 하지만, 온갖 스트레스와 피로에 지친 남편들에게 집이란 그저 편히 쉬고 싶은 공간일 뿐이다. 어떤 남자들은 "아내가 남동생으로 보인다"느니 "가족끼리 '그런 짓'하면 못 쓴다"느니 하는 얘기를 농담 삼아 하곤 한다. 정말로 많은 집에서, 결혼과 동시에 아내는 여자에서 가족으로 돌변하고 만다.

실제로 내가 그랬다. 결혼 전에는 그렇게 서로 죽고 못 살았는데, 결혼식 올리고 신혼여행지에 도착하니 떡하니 가족이 되어 있는 게 아닌가! 게다가 우리처럼 일에 쫓겨 잠이 부족한 사람들에게 침대는 건강을 지켜 주는 '과학'일 뿐이고, 잠잘 때는 최대한 멀찍이 떨어져 손끝도 안 건드리는 게 예의다.

우리 부부는 친한 친구 같고, 나이에 어울리지 않게 '닭살스러운' 부분도 많다. 그래서 옆에서 보기에는 밤마다 핑크빛 무드가 피어날 것 같다고 한다. 그러나 우리야말로 정말 남매 같은 느낌이 들 지경이다. 오죽하면 스스로 '판다 커플'이라고 하겠는가. 판다는 천성적으로 '귀차니스트'라서 번식을 잘 안 하는데, 그 정도가 너무 심각해서 멸종 위기에 처한 종도 있다고 한다.

•• 우리나라 성생활 만족도, 세계 최저 수준

한 제약회사에서 발표한 보고서에 따르면 '섹스가 인생에서 매우 중요하다'고 생각하는 비율은 한국 남자가 91퍼센트, 여자는 85퍼센트로 나타났다. 브라질, 프랑스, 터키 사람들의 비율이 92~98퍼센트로 가장 높긴 했지만 근소한 차이라고 할 수 있다. 그러나 '현재 성생활에 매우 만족하는가'라는 질문에 '그렇다'고 답한 한국 남자는 9퍼센트, 여자는 7퍼센트에 불과했다. 이는 조사 대상국 중 최저 수준으로 멕시코, 브라질, 스페인 사람들의 53~78퍼센트가 '매우 만족한다'고 답한 것에 비하면 황당할 만큼 낮은 수치다.

성생활이 인생에 미치는 중요성은 인정하면서도 만족스러운 성생활을 누리지 못하는 이유는 과연 무엇일까? 가장 큰 이유는 '할 거면 제대로 해야 한다'는 부담감과 '아내가 바라는 눈치니 꼭 해야 한다'는 의무감이다. 그래서 남자들은 아내와 하는 섹스에 대해 '의무방어전'이라는 서운하기 짝이 없는 단어를 사용하곤 한다.

　게다가 핑크빛 무드라는 것도 결혼 전에는 어쩌다 경험하는 이벤트였지만, 결혼을 하고 나면 일상적인 일이 되니까 그리 흥미롭지도 않고, 전처럼 열중하게 되지도 않는다. 신혼의 여자들 상당수가 이 문제로 갈등을 겪는다고 하는데, 도무지 잠자리를 할 여건이나 시간이 안 되는 줄을 빤히 알면서도 너무 소홀한 거 아니냐고 채근해대면 남자들은 정말로 울고 싶은 심정이다. 이 문제는 잠자리 하나만 따로 떼어서 생각할 게 아니라 두 사람의 생활 패턴 속에서 생각해야 한다.

Briefing Chart

결혼을 하면 핑크빛 무드가 샘솟아 오를 것 같다. 그러나 신혼의 꿈은 그리 오래가지 않는다. 특히 맞벌이라도 할라 치면 마음의 여유는커녕, 시간의 여유조차 없다. 밤마다 침대가 뜨겁게 불타오를 것이란 기대감은 현실적인 상황과 생활 패턴 속에서 재정립되어야 한다.

둘만의 오붓한 주말여행과 데이트 계획

직장인들에게 주말은 정말이지 황금 같은 휴식의 시간이다. 금요일이나 토요일 밤이면 모처럼 술도 한잔하고, 일요일이면 늘어지게 11시, 12시까지 늦잠을 자고 허리가 아프도록 뒹굴며 일주일의 피로를 풀고 싶은데, 조금만 늦어도 시부모는 "바쁘냐?", "어디 가냐?" 하며 전화를 걸어온다. 아, 정말 꼭 가야 할 결혼식이라도 있었으면 좋으련만⋯⋯. 하루 종일 시댁에서 보낼 생각을 하니 미칠 것만 같다.

우리 부부도 크게 다르지 않았다. 중간에 얼마간 둘이서만 따로 나와서 산 적이 있는데, 그때는 주말마다 시댁에 가는 것이 일이었다. 온 가족이 함께 둘러앉아 고기 구워 먹고 이런저런 이야

기를 나누는 것은 여자들도 굳이 반대하지 않는다. 또 시어머니
가 음식을 다 준비해 놓으시면 한 끼 편하게 먹고 반찬까지 얻어
오니 그것도 좋다. 그러나 이렇게 주말마다 시댁에 드나들다 보
면 둘만의 시간은 꿈도 못 꾸게 된다. 결혼만 하면 저녁마다 드라
이브에, 주말마다 여행에, 둘만의 오붓한 시간이 가득할 것 같던
꿈이 연기처럼 사라져 버리는 것이다.

•• 정말이지 사양하고 싶은 '악마의 초대'

　주말이란 게 딱히 집에서 쉬지는 않더라도 오랜만에 친구도
좀 만나고, 둘이서 바깥바람이라도 좀 쐬려 하면 고모네 아들 결
혼식에, 작은아버님 환갑잔치에, 시누이 아들 졸업식까지 불려
가는 등 시댁 경조사가 한두 군데가 아니다. 결혼했으니 당연한
일이라는 건 알지만 은근히 짜증이 나는 건 어쩔 수 없다. 이럴
때 친구네나 친정에 경조사가 있으면 그래도 좀 낫다. '피치 못
할 사정'으로 몸을 뺄 수 있으니 말이다.

　그러나 "아뇨, 별다른 일은 없고요. 그냥 오빠랑 바람이나 좀
쐴까 했지요" 하면 반응은 둘 중 하나다. "그래라" 하고 싸늘하게
전화를 끊거나 "날도 추운데 어딜 가니? 주말이니 와서 좀 쉬어.
모처럼 엄마가 해주는 밥도 먹고" 하신다. 표현은 조금씩 달라도
두 가지 반응 모두 며느리에게는 불편하다. 와서 쉬라니, 며느리
입장에서는 정말이지 사양하고 싶은 악마의 초대인 셈이다.

　남자야 시댁에 가도 어차피 자기네 집이니까 문제될 게 없다.
어머니가 뭘 하시건, 아버지가 드나드시건 그저 소파에 벌렁 드

러누워 리모컨을 독차지하거나, 결혼 전에 쓰던 자기 방으로 들어가 못다 채운 늦잠 시간을 채우면 그만이다. 그러나 며느리 자리는 항상 가시방석이다. 아무리 시댁이 편하다고 해도 소파에 벌렁 드러누워 남편에게 물 갖다 달라고 할 수는 없는 법이다. 이렇게 일요일 오후를 피곤하게 보내니 월요병이 도질 수밖에.

이런 문제는 처음부터 태도를 분명히 해야 한다. 시어머니 기분 맞춘답시고 주말마다 시댁에 가는 것을 정례화해 놓으면 두고두고 피곤해진다. 신혼 초에는 한 달에 두 번 정도 가면 충분하다. 두 사람도 쉬어야 하고, 친정에도 가야 할 게 아닌가. 또 이래저래 집들이라고 친구들이 찾아올 일도 있고, 결혼을 전후해서 못 다한 일도 해야 한다. 시댁에서 매주 오기를 바라는 눈치라면 집들이 핑계로 한두 번 빠지면서 그런 상황을 자연스럽게 만드는 것도 요령이다.

또 친정이나 친구들에게 경조사가 있으면 몇 일 몇 일은 갈 수 없다고 미리 애기를 해 두어야 한다. '미우나 고우나 시댁 일이 우선'이라고 생각하며 마지못해 끌려가면 피로와 짜증만 쌓인다. 괜스레 착한 며느리 노릇 하려다 '이유 없이 저 혼자 짜증내는 애'로 찍히면 내 발등 내가 찍은 셈이니 누구를 탓하겠는가!

남편과 오붓한 주말여행을 계획할 때도 미리미리 당당하게 밝히는 것이 장기적으로 보아 좋다. 시부모가 서운해 할까 봐 말 못하고 미적거리거나 거짓말을 했다가 들통 나면 일이 더 커진다. 신혼부부가 둘만의 시간을 보내는 것은 당연한 일이다. 모든 주말을 시댁에 헌납할 수는 없는 노릇이다. 부모님이 편찮으시거나 혼자 계실 때는 좀더 신경을 쓰는 것이 당연하지만, 한두 달도 아니고 20~30년을 눈치 보면서 끌려 다닐 수는 없지 않겠는가.

대신에 전화를 자주 하면 서운함을 커버할 수 있다. 틈틈이 전화해서 요즘 어떤 일이 있는지, 당신 아들은 어떻게 지내는지 알려 드리면 자주 안 찾아가도 '얼굴 본 지 오래됐다'는 생각을 좀 덜하게 된다. 또 "어머니, 오빠가 새벽에야 들어와서 오늘은 집에서 쉬고 싶다네요" 하는 식으로 남편 핑계를 대는 것도 좋은 방법이다. 시부모님도 처음에는 얼마간 서운해 할 수 있지만 시간이 지나면 적응하게 되어 있다.

아들 며느리가 주말마다 찾아뵙는 것을 당연하게 여기도록 만들 것이냐, 반갑고 고맙게 여기게 할 것이냐는 순전히 내 손에 달려 있다는 것을 명심하고 현명하게 처신해야 한다.

신혼부부에게 주말은 달콤한 허니문을 리바이벌할 수 있는 절호의 기회다. 그러나 시어머니에게 주말은 아들 며느리를 불러들일 최고의 명분이니, 주말을 고스란히 시댁에 헌납하고 싶지 않거든 처음부터 태도를 분명히 하라.

그가 나만의 남자가 되리라는 기대감

'남편이 대문 밖을 나서면 저 사람은 내 남편이 아니려니 해야 한다.' 나도 꽤 오래 전에 들은 얘긴데, 처음 그 말을 들었을 때만 해도 그게 가능할까 싶었다. 그러나 차츰 그 진리를 깨닫게 된다. 이젠 내 머릿속에 완전히 뿌리를 내려 자연스런 일상이 되고 보니 그렇게 편할 수가 없다.

물론 처음에는 말처럼 쉽지 않았다. 뭐 그리 잘나고 예뻐서 다른 여자들이 눈독 들일까마는, 그래도 왠지 어디서 뭘 하나, 저녁은 뭘 먹었나, 술자리에서 누구와 마셨나, 전화 수화기 너머로 들리는 여자 목소리는 누굴까……. 수도 없이 많은 것들이 궁금했다.

그의 일거수일투족을 알고 싶었고, 왠지 모르게 불안했다. 딱히 의심스러워서도 아니고, 못내 그리워서도 아니었다. 그저 내 시간이 남으니 궁금한 것뿐이었다. 내 일이 바쁘면 그가 다른 사람과 함께 있는 것이 차라리 고맙다. 남이든 남편이든 자꾸 신경 쓰이는 건 분명 내가 한가하기 때문이다.

어쨌거나 그를 내보낸 뒤 '저 사람은 내 남편이 아니려니' 하고 마음먹는 게 익숙해지면 마음이 그렇게 평화로울 수가 없다. 그가 없는 시간은 온전히 내 것이 되니 뭘 하든 자유롭다. 소파에 누워서 뒹굴며 맘껏 TV 채널도 돌려 보고, 인터넷에서 쇼핑을 하거나 만화도 본다. 오랜만에 친구랑 기나긴 통화를 하거나 그동안 적조했던 사람들에게 이메일도 쓴다. 그렇게 혼자만의 시간을 즐기는 데 익숙해지면 남편에게 매이는 마음에서 놓여나는 데 도움이 된다.

•• 아무리 사랑스러운 아내라도 때론 부담스럽다

대부분의 여자들은 결혼에 대해 엄청난 결속력을 기대한다. 구속은 싫다고 말하면서도 그만의 여자가 되고 싶어 하고, 그가 나만의 남자가 되기를 바란다. 그러나 실제로는 결혼했다는 것만으로 그가 나만의 남자가 되지는 않는다. 그는 여전히 시어머니의 아들이고, 회사 상사의 부하직원이고, 거래처에서 기다리는 접대의 주역이다. 친구들도 변할 것이 없다. 결혼했다고 해서 친구 관계 다 끊고 저녁마다 꼬박꼬박 들어오기도 쉽지 않다. 또 두루 친하게 지내던 여자 동창이나 선후배들과도 그를 공유해야 한다. 그런데도 여자들은 자신의 모든 것을 접어 두고 남편만 바라보는 것이 당연하다고 생각하며 그런 상황을 즐긴다.

남편에게 아내는 오히려 갑자기 생겨난 새로운 관계일 뿐, 달라진 것은 하나도 없다. 얼마간의 적응기가 지나기 전에 오히려 집에서 아내와 단둘이 앉아 있는 자신의 모습이 어색하다는 남자들도 많다. 집에서 기다리는 사람이 있다고 생각하면 한없이 편안하고 행복하지만, 이따금 당연히 해야 할 야근이 미안한 일로 변하고 사무실에서 시켜 먹는 자장면 한 그릇도 왠지 부담스러워진다. 그래서 "어, 좀 늦을 것 같은데, 미안해서 어쩌지?" 하며 싹싹 비는 투로 전화를 건다. 그러니 제아무리 사랑스러운 아내라도 가끔 부담스러울 수밖에 없다.

• • 집에 있는 스토커가 되지 마라

멀쩡히 직장 다니고 친구들 잘 만나던 사람이 결혼했다고 해서 갑자기 모든 걸 다 끊고 나만의 남자가 될 수는 없는 노릇이다. 사실 그런 일은 현실적으로 불가능하다. 그러니 집에서 애달파하는 사람만 고역이다. 그래도 돌아오는 것은 감사와 찬사가 아니라 '집에 있는 스토커'라는 농담 반, 진담 반의 해괴한 별칭뿐이다.

사랑이면 당연히 그래야 한다는 당신의 생각을 두 번, 세 번 곱씹어 봐라. 그건 어쩌면 집착이나 소유욕일지도 모른다. 사랑이란 게 원래 집착이나 소유욕을 동반한다고는 하지만, 그 늪에 빠져들수록 괴로운 것은 당신 자신이다.

이것만은 정말 권하고 싶다. 남편이 대문을 나서면 "오늘도 고생하겠네. 무사히 잘 다녀와" 하며 아예 그를 잊어버리자. "점심 먹었쪄?" 혀 짧은 소리로 전화하지도, '문자질'을 하지도 말자. 그저 그가 자기 일에 몰입해 자기 길을 가도록 내버려두자. 그것이 그를 성장시키고 두 사람의 관계를 성장시키는 방법이다.

결혼하면 그가 나만의 남자가 될까? 대답은 '글쎄'다. 그의 일거수일투족을 궁금해 하고 의심스러워 하기보다는 그의 사생활을 존중해 주고 나만의 시간을 누리면서 경계를 적절히 유지하는 편이 낫다. 여차하면 지나친 집착이나 소유욕 때문에 그를 질리게 할지도 모른다는 사실을 기억하라.

결혼하면 그도 정신 바짝 차릴 것이라는 생각

고등학교 동창 하나는 요즘 눈물 마를 날이 없다. 어릴 때부터 좋아하던 오빠의 친구와 결혼을 했는데, 이 오빠가 적잖은 한량기의 소유자였던 것. 빼어난 미남은 아니지만 키도 크고, 허옇고 조그만 얼굴에, 말솜씨 하나는 끝내줬다. 감당 못할 정도로 심한 바람둥이는 아니었지만 주변에는 늘 여자가 끊이질 않았다. 사실 이 오빠는 연애 자체에는 별로 관심이 없었다. 그냥 여자아이들이 영화표 사 들고 찾아오면 함께 영화 보고, 초콜릿 갖다 주면 그냥 덤덤히 받았다가 아무렇지 않게 친구들과 나눠 먹고, 사랑한다고 고백하면 "그냥 공부나 열심히 해라" 하며 동생 대하듯 대응하는 스타일이었다.

내 친구도 이 오빠의 그런 모습에 반했는데, 매사 깔끔하고 꼼꼼하던 자기 오빠와는 달리 털털하면서도 훤칠한 외모에 마음이 끌려 어릴 때부터 무척 마음을 끓였다. 그러면서도 유난을 떨거나 잘난 척하지 않으니 더욱 좋다는 것이었다. 또 성격이 선선해서 무슨 일이든 시키면 조용히 잘 해주는 편이었다.

그런데 그에게는 결정적인 결함이 있었으니, 한 직장을 1년 이상 다녀 본 적이 없다는 것이었다. 어떤 직장엘 다니건 짧으면 한두 달, 길면 6개월이었다. 사무직이 어울릴까 싶어 사무직으로 옮겨 봐도 별 흥미를 못 느꼈고, 몸 쓰는 일이 좋을까 싶어 그런 일을 찾아봐도 결과는 똑같았다. 그렇게 옮겨 다니며 근무한 회사가 5년간 10군데가 넘었다.

그러나 이 친구는 크게 고민하지 않았다. 오랫동안 좋아해 온 사람이었고, 이 시기를 놓치면 영영 그를 놓쳐 버릴 것만 같은 느낌이 들어서였다. 또 지금 당장은 별 볼일 없지만 자신이 고등학교 교사로 재직하고 있으니 당분간 먹고사는 데는 큰 지장이 없으리라 생각했다. 무엇보다도 결혼하고 아이가 생기면 정신 바짝 차리고 가장 노릇을 잘할 것이라고 굳게 믿었다. 친오빠가 "잘 생각해라. 좋은 놈이긴 한데, 동생까지 맡기고 싶진 않다"고 했지만 자기 나름대로는 자신이 있다면서 신이 나서 결혼을 했다.

그런데 그는 결혼식 일주일 전에 또다시 회사를 그만두었다. 이 친구가 마침 방학 기간이니 신혼여행을 좀더 여유 있게 다녀오고 싶다고 했더니 아예 회사를 그만둔 것이었다. 어이가 없었지만 결혼 준비 때문에 마음이 분주했고, 신혼여행 갔다 와서 다시 취직하면 되겠지 싶어 그냥 넘어가기로 했다.

그러나 막상 본인은 별다른 고민이 없어 보였다. 신혼여행에서 돌아온 지 석 달이 넘도록 취직할 생각을 안 하는 것이었다. 처음 한두 달은 꿈 같은 신혼 기분에 젖어 그가 집에 있는 것만으로도 즐거웠다. 이 친구도 방학 기간이었기 때문에 둘만의 신혼 분위기를 만끽했다. 그런데 막상 개학하고 출근을 시작하니 해가 중천에 뜨도록 속옷 차림으로 이불 뒤집어쓰고 있는 남편이 조금씩 짜증스러워지기 시작했다.

슬슬 걱정이 되어 취직자리는 알아보고 있냐고 물었더니, 어차피 이력서에 쓸 만한 변변한 경력도 없으니 돈 좀 모으면 카페나 하나 하고 싶다는 것이었다. 그렇게 3년이 흘렀다. 그 사이 두 번인가 취직을 하기는 했지만 여느 때와 다를 바 없이 6개월을 못 넘겼다.

이 친구는 '이젠 아이도 가져야 하는데 어떻게 하나' 하며 고민에 빠졌다. 가장 큰 문제는 남편의 무책임과 진득하지 못한 성격이었지만, 이 친구도 결혼하면 그가 정신 바짝 차릴 것이라고 제 마음대로 속단해 버린 잘못을 범했고, 결국 그 값을 톡톡히 치르게 된 것이다.

결혼생활에서 무능한 생활인을 참아내기란 아무나 할 수 있는 일이 아니다. 이 부부를 보고 있자면 하루하루가 위태로워 내가 다 마음을 졸일 지경이다.

사람은 변하지 않는다. 결혼을 하거나 아이가 태어나면, 저도 사람이니 처음 얼마간은 남다른 각오로 방향을 찾으려 노력하겠지만, 그것도 잠시뿐이다. 결혼생활에 적응하고 부부 관계에 익숙해지면 사람은 전에 하던 버릇을 하게 된다. 행여 결혼하고 나면 정신 바짝 차릴 것이라고 기대하고 있다면 틀렸다. 오죽하면 '사람이 변하면 죽는다'는 말까지 있겠는가.

그에게 몇 가지 문제가 있긴 하지만, 결혼하고 아이가 생기면 차차 달라지리라고 기대한다면 당장 생각을 고쳐먹어라. 특히 생활력이나 책임감, 어른스러움 따위의 문제라면 결혼생활 자체를 위협할 만큼 큰 문제로 불거질 수 있다. 그의 여러 가지 단점에도 불구하고 그가 정말 좋고, 그와 결혼하고 싶다면 그가 언제까지나 지금 같은 모습이라도 괜찮은지 다시 한 번 내 마음을 점검해 봐야 한다.

Briefing Chart

결혼만 하면, 아이만 생기면 그가 달라질 것이라고 기대하지 마라. 착각일 뿐이다. 사람이 하루아침에 변하는 일은 좀체 없다. 그에게 문제가 있다면 지금 그 모습 그대로 사랑하며 함께 살아갈 수 있을지 자문해야 한다.

민주적이고 공평한 가사분담에 대한 희망

맞벌이 비율은 갈수록 올라가는데, 아내의 가사 전담 비율은 그 수치를 훨씬 상회하고 있다. 신기하고도 어이없는 일이다. 여자가 일을 하든 안 하든 가사는 항상 여자들 몫이라는 말인가? 둘이 같이 돈을 벌어도, 아내가 남편보다 더 많이 벌어도, 심지어 남편은 집에서 놀고 아내 혼자서만 벌어도 상황은 크게 달라지지 않는다.

남녀평등 운운하며 가사분담의 필요성에 대해 고개를 끄덕이는 남편들도 어디까지나 기분 내킬 때 도와주는 수준을 벗어나지 못한다. '공평'은 고사하고 '가사분담'도 아니고 '가사지원' 정도 된다고 보면 크게 틀리지 않다.

비단 우리나라만의 이야기가 아니다. 영화에서 보면 미국 남자들은 다들 민주적으로, 가사나 육아를 적극적으로 분담하는 것처럼 보인다. 아침에 아이들 깨워서 등교 준비시키고, 아침을 먹이고, 학교도 데려다 준다. 그러나 이것도 영화 속에서나 가능한 일일 뿐 현실과는 거리가 멀다. 그들이 그렇게 학교나 놀이방 시간에 맞춰 픽업하는 데 목숨을 거는 건 아이를 함부로 방치하면 법적으로 문제가 되기 때문이다.

그들의 가사분담 현실도 우리나라와 매한가지다. 아이들 등교 준비부터 아침식사 준비, 귀가 후 설거지까지 대부분 여자들이 책임을 진다. 맞벌이 가정도 크게 다르지 않다. 어떻게 하면 가사에 소극적이거나 냉담한 남편을 계몽할 수 있을까 하는 책들이 쏟아져 나올 만큼, 미국도 맞벌이 부부의 가사분담 문제가 심각한 수준이다.

우리 오빠는 나를 너무 사랑해서 결혼하더라도 손끝에 물 한 방울 안 묻히게 해줄 거라고 생각한다면 오산이다. 가부장적인 면모라고는 눈 씻고 찾아봐도 없는 우리 남편도 3일만 계속해서 설거지를 시키면 한숨 소리에 그릇이 깨질 판이다. 3~4일 마감 시기만 지나면 한 달 내내 내가 설거지를 해줄 텐데도, 늘 자기가 다 떠맡고 나는 어쩌다 한두 번 거드는 것처럼 착각하고 유세를 떤다. 오죽하면 내가 억울한 마음에 가사분담 일지까지 쓰자고 했을까. 남자들은 의식구조상 가사분담이라는 말 자체가 입력 내지 이해가 안 되는 모양이다.

이런 남자들에게 '공평한' 가사분담이란 어차피 기대하기 힘들다. 차라리 '교묘한' 가사분담 쪽을 선택하는 편이 좋다. 지저분한 것을 못 견디는 사람이라면 청소를 맡기고, 먹는 것을 좋아하는 사람이라면 요리를 맡기는 식으로 상대의 특성을 고려해 내가 하지 않으면 상대라도 할 수밖에 없는 일을 교묘하게 떠넘기는 것이다.

일주일 내내 청소 안 한 방에서도 아무렇지도 않게 잘 지내는 사람에게 청소를 맡겨 봤자 "뭐, 아직 깨끗한데……" 하면서 넘어가기 일쑤다. 또 같은 일을 요일별로 나누어서 한다거나 서로 교대로 하는 식으로 분담을 하면 서로 미루다 날짜만 넘기기 십상이다. 또 나름대로 철저하게 원칙을 세웠다 하더라도 하루 이틀 시간이 지나면, 어느새 나 혼자만 계속하는 것을 볼 수 있다.

나 같은 경우는 음식을 전적으로 남편에게 맡기고 있다. 남편이 워낙 음식 만드는 것을 좋아하는 데다 먹는 것도 좋아하기 때문이다. 반면에 나는 먹는 데 별 관심이 없어 그저 주는 대로 있는 대로 먹는 스타일이라 나한테 맡겨 놓으면 일주일 내내 상추쌈만 먹을 우려가 있다는 걸 남편도 잘 알고 있다.

그래도 종종 남편이 게으름을 부릴 때가 있다. 그러나 나는 안 차려 주면 안 먹으면서 기다린다. 설거지, 청소, 빨래 거의 다 내가 하는데 밥까지 차려야 하냐며, 밥만은 절대 차릴 수 없다고 버텨서 그 일은 자신의 일임을 깨닫게 해준다.

남자들에게 뭣 좀 시키려면 '정말 치사하고 더러워서 내가 한다'는 생각이 절로 든다. "응, 내가 할게" 해놓고 한 시간, "응, 이것만 끝내고" 하며 또 한 시간이다. 그래서 기다리다 지쳐 여자가 청소기라도 돌릴라치면 오히려 펄펄 뛰며 언성을 높인다. "내가 금방 한다는데, 왜 그래? 굳이 자기가 하면서 짜증은 또 왜 내는데?" 한국 남자들의 화법은 거의 이런 식이다. 자신의 게으름은 뒤로 싹 감춰 두고 여자의 시위 자체만 갖고 짜증을 낸다.

어쩌랴, 우리 어머니들이 그 귀한 아드님들을 저 따위로 가르쳐 놓은 것을……. 아직 계몽 안 된 한국 남자들과 가사분담을 하면서 살아가려면 기대 수준을 낮추고 욕심을 접어야 한다. 그가 어떻게 해줘도 부족하고 양에 안 찰 게 뻔하니, 그냥 이만하면 아쉬운 대로 감사하다고 느껴질 정도에서 칭찬이나 실컷 해주자. 그나마 칭찬이 그를 움직이게 하는 가장 좋은 열쇠이다.

Briefing Chart

안타깝게도 우리나라에서 공평한 가사분담을 꿈꾼다는 것은 언어도단이다. 그가 정말 손끝에 물도 안 묻히게 해줄 거라는 꿈은 이제 그만 접어 두고, 기대 수준을 낮춰야 한다. 꼭 필요할 때는 일일이 부탁해서 일을 시키고, 부탁한 일을 해주면 칭찬을 퍼부으면서 하나하나 길들여라.

완벽한 주부가 되겠다는
무리한 욕심

여자들이 겪는 신혼 피로감의 가장 큰 원인은 무리한 청소와 살림이다. 퇴근해서는 꼭 찌개를 끓여서 저녁을 차려야 하고, 방은 날마다 물걸레질을 해야 하고, 주말마다 수건 삶고 이불 말리고 욕실 청소하고……. 집안을 둘러보면 여기저기 손길을 기다리는 일들이 몸과 마음을 괴롭힌다.

물론 이 모든 일은 살림을 하자면 당연히 해야 하는 것들이다. 그러나 살림에 서툰 초보 주부가 이 일들을 완벽하게 해내려고 마음먹는다면 다른 어떤 직장에서 일하는 것보다 고된 업무가 될 것이다.

욕실 청소 하나만 예로 들어도 그렇다. 습하고 답답한 욕실에서 한 시간쯤 청소를 하고 나면 땀은 비 오듯 쏟아지고 팔은 떨어져 나갈 듯 팍팍해진다. 변기부터 시작해 욕조와 벽면, 바닥 타일, 세면대, 거울, 수납장 등 물때와 기름때가 범벅이 된 욕실을 청소하자면 필요한 세제나 청소도구만 해도 한두 가지가 아니다. 샤워부스도 사용할 때는 편리하지만 유리 벽면을 깨끗하게 유지하려면 적잖은 노고가 필요하다. 넓으면 넓은 대로, 좁으면 좁은 대로 할 일이 만만치 않다. 또 몸에 오일이라도 한 번 바를라치면 온 세면대와 욕조가 미끄덩거린다. 변기 청소도 안 해본 사람은 정말 쉽지 않다. 아무리 고무장갑 끼고 수세미 들고 덤빈다 해도 변기 구석구석 손을 디밀어 청소한다는 건 쉽지 않은 일이다.

그렇다고 해서 남편이 "어? 청소했네? 깨끗해서 참 좋다" 하며 조심스럽게 사용하는 것도 아니다. 청소를 했는지 말았는지, 오일 얼룩이 있는지 없는지 관심도 없다. 그렇게 힘들게 청소했는데 보람도 없이 또 사방 벽에 샴푸며 비누며 거품 튀겨 놓기 일쑤다. 도무지 눈은 어디 뒀다 쓰는지 여전히 머리카락 어지르며 욕실을 난장판으로 만들어 놓고 나온다. '늘 물로 헹궈 내는 욕실도 청소해야 하나?' 하는 게 남자들의 생각이다.

• • 조금만 욕심을 버리면 일신이 편안해진다

맞벌이 주부라면 아예 집안에서는 한쪽 눈 감고 사는 편이 수월하다. 신혼살림 깔끔하고 예쁘게 하고 싶은 마음이야 백번 이해하지만, 너무 욕심내지 말고 눈에 거슬려도 적당히 넘어갈 것은 넘어갈 줄 알아야 한다.

싱크대 싹싹 닦고 온갖 그릇 다 꺼내서 삶고 씻어서 엎어 놓으면 맑은 물 뚝뚝 떨어져서 보기에는 좋다. 그러나 집안일이란 게 해도 표 안 나고 안 하면 또 표 나는 것이라 완벽하게 하고 살자면 여간 어려운 일이 아니다. 날마다 삶고 말리다 보면 하루 종일 부엌에서 벗어날 수가 없다. 일의 횟수도 문제다. 날마다 해야 하는 걸레질은 이틀에 한 번만, 빨래도 토요일 오후에 한 번만, 욕실 청소도 힘들면 일주일 정도 걸러도 큰일 날 것 없다. 또 한꺼번에 멋지게 해치우겠다는 생각을 버리고, 이번에는 변기만 닦고 또 시간 나면 바닥 타일 닦고 하는 식으로 짬짬이 조금씩 해나가는 것이 피로를 줄이는 요령이다.

또 정히 피곤하면 설거지도 한나절쯤은 쌓아 둬도 괜찮다. 누가 와서 보고 흠잡을 것도 아니고, 설령 누가 보더라도 맞벌이 주부라 피곤한가 보다 할 테니 너무 신경 곤두세울 것 없다. 완벽한 주부가 되겠다는 욕심을 버리면 일신이 편해진다.

경험 없고 서툰 주부가 살림을 알뜰하게 해낸다는 건 여간 어려운 일이 아니다. 특히 자기 일을 하는 사람이 집안일까지 완벽하게 하려 들면 매사에 힘이 들고 피곤할 수밖에 없다. 청소건 빨래건 적당히, 내 신상을 들볶지 않는 범위 내에서 해야 한다.

시댁 식구와 한 가족이
될 거라는 환상

내가 아는 후배 하나는 결혼 전부터 시어머니 될 사람을 '엄마'라고 불렀다. 내가 보기에는 참 희한한 일이었다. 자기 집에 멀쩡히 엄마가 살아 계시는데, 시어머니 될 사람에게 '엄마' 소리가 그렇게 자연스럽게 나올까? 막말로 나는 20년 넘게 친하게 지낸 친구 엄마도 "어머니"라고 부르는데 말이다.

남이야 시어머니를 엄마라고 하건 이모라고 하건 딱히 내가 트집 잡을 일도 아니니 모른 척했다. 그런데 결혼하고 나서 두어 달 뒤에 만났더니 이번에는 시어머니 흉이 장난이 아니었다. 결혼 전에는 몰랐던 이런저런 문제점들이 하나둘 노출되면서 오만

정이 다 떨어졌다는 것이다.

내가 보기엔 이 후배에게도 문제는 있었다. 남편을 워낙 좋아했기 때문이긴 하지만, 결혼 전부터 시댁에 대한 충성도가 너무 높았다. 달라는 사람도 없는데 온 마음을 다 쏟아 부어 놓고, 상대가 거기에 따라 주지 않으니 서운한 감정이 쌓인 것이다.

•• 시간이 가고 정이 쌓여도 달라지지 않는 것

사실 현실이란 게 어디 마음 같은가. 30여 년을 각기 다른 환경에서 자란 사람들이 한데 모여 어느 날 갑자기 결속력 좋은 가족이 되기란 쉽지 않다. 하다못해 TV 보는 방법, 물 마시는 방법 하나하나까지 집안마다 다 다른 것이 바로 가정의 문화적 차이다. 게다가 시댁 식구란 게 아무리 살갑고 친하다고 해도 어차피 내 핏줄이 아니다 보니 어렵고 조심스러울 때가 많다. 옛날 어머니들 얘기에 "무덤에 누울 때도 시댁 식구 옆자리는 피하고 싶다"고 하는데, 다 그만한 이유가 있지 않겠는가.

시간이 흐르면서 아이도 낳고, 나이도 들고, 또 자신도 시어머니가 되면서 많은 것이 달라지긴 한다. 그러나 나를 낳아 주신 부모님이 계시고 성장기를 함께 보낸 형제자매가 있는 우리 집과 남편 하나 믿고 덜렁 시집온 시댁이 어떻게 같겠는가. 그건 시간이 가고 정이 쌓여도 달라지지 않는 천륜이며 본능이다. 우리 시어머니는 결혼하고서 30년이 넘도록 마음의 보퉁이를 풀어놓지 못하고 옆구리에 끼고 살았다고 한다. 같은 여자로서, 시어머니의 삶을 되돌아보면 가슴이 뭉클하다.

결혼한 지 10년이 되었지만 나는 여전히 시어머니보다 우리 엄마가 좋고, 시어머니도 당신 딸이 더 편하다고 하신다. 그게 진심이다. 마음이야 엄마와 딸처럼 지내고 싶지만 굳이 딸이 아닌데도 딸처럼 여기려다 보니 갈등이 생기고, 시어머니가 왜 우리 엄마 같지 않을까 싶으니 마찰이 생기는 것이다. 시댁 식구는 어디까지나 시댁 식구다. 굳이 친정 식구와 똑같은 관계가 되어야 한다고 생각하면 오히려 역효과가 날 수 있다.

기대치가 낮으면 조금만 주고받아도 감사하게 되고, 서로 예의를 지키면 실망하거나 상처받을 일도 줄어든다. 마음이 너무 앞서면 "왜 이렇게 나만 겉돌지?", "어떻게 하면 하루빨리 한 가족이 될 수 있을까?" 하며 고민하게 된다. 그러나 어차피 나는 그들과 한 가족이 될 수 없다. 나중에 아이를 낳고 나면 남편과 나와 아이, 그렇게 셋이서 새로운 가족을 꾸리게 될 것이다. 그때를 기다리는 편이 더 현명하다.

Briefing Chart

시댁이 우리 집 같고, 시어머니가 우리 엄마 같으리란 기대는 과욕이다. 타고난 천륜과 30여 년의 시간 동안 쌓인 보이지 않는 것들을 무슨 수로 흉내 내겠는가. 시댁 식구와 한 가족이 되려고 애쓰는 마음은 예쁘지만 적당한 선에서 욕심을 접는 게 좋다.

결혼은 연애의
연장선이라는 착각

나도 그랬다. 결혼해도 달라질 건 없다고 생각했었다. 그저 사랑하는 그 사람과 언제나 함께 있고 싶었고, 밤마다 대문 앞에서 헤어지는 게 너무나도 아쉬워 결혼을 결심했을 뿐이다. 또 두 사람 모두 하던 일 그대로 하면서 여전히 동료처럼, 연인처럼 지내면 되리라고 생각했다. 결혼도 또 다른 형태의 연애라고 생각한 것이다. 남들은 아니라고 해도 나만은 그렇게 만들 자신이 있었다.

그러나 착각이고 자만이었다. 결혼하자마자 아니, 결혼 준비에 돌입하는 순간 연애는 가뭇없이 사라지고 말았다. '결혼은 남편과 나 사이에 시어머니가 누워서 셋이 함께 잠드는 침대'라는 무서운 말이 있다. 일단 결혼하고 나면 두 사람만의 문제란 있을 수 없다는 얘기다. 그래서 예부터 결혼이란 두 사람의 일이 아니라 두 집안의 일이라고 했던 모양이다.

이혼을 하거나 갈등을 겪는 부부들을 살펴 보면 시어머니와 며느리 간의 마찰이 불씨가 된 경우가 상당수다. 결혼이란 사랑하는 두 사람이 만나 인연을 맺는 것이지만, 일단 일가친척 모시고 결혼식을 올리고 나면 두 사람의 문제를 떠나 두 집안의 문제로 확대된다. 즉, 결혼은 연애와는 전혀 다른 관계의 형성을 의미한다. 둘이 사랑하다 싫으면 싸우고, 헤어지면 그만인 그저 그런 관계가 아니다.

내가 아는 어느 시어머니는 며느리가 무슨 잘못만 하면 사돈댁으로 전화를 걸어서 시비를 걸곤 했다. 멀리 살면 평생 가야 말 섞을 일 한 번 없는 사돈에게 "딸에게 도대체 뭘 가르쳤느냐"는 둥, "당장 돌려보낼 테니 다시 교육 좀 시켜서 보내라"는 둥 못하는 말이 없었다. 처음에는 그 사돈댁에서도 가만히 듣고 있었다. 얘기가 길어지면 미안하다고 머리를 조아리며 상황을 마무리하기도 했다. 그런데 명절이나 생일, 심지어는 복날에 동지까지, 무슨 이름만 붙은 날이면 며느리의 행실을 트집 잡으며 시비를 거는 게 아닌가. 결국 그쪽에서도 폭발했고, 이들 부부의 결혼은 3년 만에 깨져 버렸다.

이혼율이 높은 것도 바로 이런 관계의 확장을 인지하지 못하는 데서 시작된다. 연애와 결혼의 차이점을 외면한 채 그저 하던 대로 달콤한 연애만 지속하려다 현실에 부딪치면 갈등을 이겨내지 못하고 무너져 버리는 것이다.

서른둘에 결혼해서 2년을 채 못 채우고 이혼한 부부가 있었는데, 이 집은 여자에게 문제가 있었다. 그녀는 자신이 결혼했다는 사실을 전혀 인지하지 못했다. 음식도, 청소도, 그 어떤 집안일도 안 하고 밤늦도록 친구들과 어울려 술 마시고, 나이트클럽에 다니며 부킹하기를 밥 먹듯이 했다. 집에 있을 때도 늘 음식을 시켜 먹거나 친구들을 불러서 놀았다. 남편이 적잖은 돈을 벌어다 줘도 10원도 저축하는 법이 없었고, 공과금 체납도 부지기수였다. 그러면서도 남편이 늦게 들어오는 것만 탓하며 자기 혼자 하루 종일 버려진 것 같다고 투정을 부렸다. 결국 남편은 피폐한 결혼생활에 두 손 두 발 다 들어 버렸고, 결혼은 하루아침에 파국을 맞고 말았다.

결혼하는 순간, 연애시절의 달콤한 관계는 막을 내린다. 어느 광고의 카피처럼, 낭만은 짧고 생활은 길다. 결혼에는 막중한 책임감이 뒤따르기 때문에 예전의 나른한 행복감에만 젖어 있을 수는 없다.

결혼은 연애의 연장선이라는 착각에 빠져 있다면 하루빨리 깨어나야 한다. 현실을 똑바로 보고 책임과 의무를 다해야 진정한 행복을 이룰 수 있다. 한숨이 절로 나오는 팍팍한 현실이지만 그나마 사랑하는 사람과 수시로 데이트를 하거나 여행을 다녀오는 등 둘만의 시간을 가지려 노력하면 아쉬운 대로 현실이 안겨주는 실망감을 상쇄할 수 있을 것이다.

결혼해도 연애 시절과 다를 게 없다고 생각한다면 착각도 대단한 착각이다. 연애와 결혼 사이에는 비교할 수도 없는 차이가 자리하고 있다. 결혼은 그와 하는 게 아니라 그의 가족과, 그의 집안과 하는 것이다. 하루 빨리 이 환상에서 벗어나지 않으면 이런저런 갈등이 불거질 수밖에 없다.

정말이지
이게 진짜루
마지막이야.
정말 더 이상
나올 게 없다 이거지?
털어서 또 나오면
그땐 각오해!!
아임쏘리
카드로 긁은 명품백
보험대출
전세대출
사채

신혼 재테크
결혼 전에 시작하라

현대인의 가장 큰 화두는 '재테크'다.

결혼해서 아이를 낳아 가르치고,

집을 사고, 문화생활을 누리면서 살려면 돈이 필수다.

특히 결혼은 새로운 가정의 시작이며 새로운 재테크 기회의 시작이기 때문에

처음부터 방향을 잘 잡아야 한다.

재테크 설계는 20대부터 시작해야 하며,

30대에 자리를 잡지 못하면 40대는 불행해진다고 한다.

아이가 크고 돈이 들기 시작하면 모으는 일이 점점 더 어려워지기 때문이다.

돈 없고 능력 없으면
결혼하지 마라

사랑만으로 결혼해서 살던 시절은 갔다. 먹던 밥상에 숟가락 하나 더 얹으면 된다고 생각하고 '몸만 오너라' 하던 시기는 완전히 끝났다. 이제 세 끼 밥만 잘 먹고 살면 남부러울 것 없던 세상도 아니고, 두 사람은 그만두고 아이를 낳아 키우고 가르치려면 돈 없이는 불가능하다.

농경사회에서야 인력이 재산이고 체력이 능력이었지만, 혹독한 경쟁사회에는 경제력이 없으면 절대적인 경쟁력 상실이라고 봐야 한다. 그런데도 사랑만 앞세워 '일단 결혼부터 하고 보자'고 서두른다면 상대에 대한 책임감 결여라고 할 수밖에 없다. 돈 없고 능력 없으면서 결혼 생각을 하는 사람은 파렴치범이다.

•• 너무 쪼들리면 사랑할 시간조차 없다

정말 너무너무 사랑해서 단칸방에서 시작했다면 그것도 좋다. 그러나 이때는 경제적 곤란이 가져올 다양한 고통들을 기꺼이 감수할 수밖에 없다. 결혼을 하고 나면 알게 모르게 들어가는 돈이 많아서 안 먹고 안 쓰면서 모아도 1년에 1,000만 원 모으기가 쉽지 않다. 예를 들어 나이 서른에 결혼했는데, 마흔이 되어서도 변변한 전셋집 하나 못 얻었다고 생각해 보라. 50살이 되었을 때 당신의 모습이 그려지는가?

그 사이에 아이가 태어나서 놀이방에 가고, 유치원에 가고, 학교에 가면 경제적 부담은 더욱 커진다. 분유 값, 기저귀 값도 만만치 않지만, 성인 두 사람이 살 수 있는 집과 어린아이가 있을 때 살 수 있는 집은 규모가 다르다. 또 아이가 친구를 사귀기 시작하면 입는 옷이나 사는 집이 친구들과 비교될 수밖에 없다. 요즘 아이들은 워낙 빨라서 친구 집에 가면 뭐가 있는지, 뭐가 좋은지 어른들 못지않게 훤히 꿰뚫고 있다. 저도 친구들처럼 새로 나온 멋진 운동화를 신고 싶어 하며, 남들 다 다니는 영어 학원에 다니고 싶어 한다. 경제적 풍요보다 중요한 것이 부모의 사랑과 관심이라지만, 쪼들리다 보면 아이에게 할애할 시간조차 없어진다는 것이 문제다.

•• 사랑은 다능이고 돈은 만능이다

여기에 더해 다른 가족이 속 썩이고 손 내민다고 생각해 봐라. 시부모가 앓아누웠는데 병원비를 나 몰라라 할 수도 없고, 시동생이 결혼한다는데 입 싹 닦고 돌아앉을 수도 없다. 또 어쩌다 사고를 당하거나 질병에 걸리면 어떻게 감당할 것인가.

어떤 부모나 형제들은 자기는 일전 한 푼 베푼 것 없으면서도 당당하게 손을 내밀기도 한다. 그때마다 다만 얼마라도 보태려면 마음먹은 대로 저축하는 일조차 쉽지 않다. 이렇게 가족에게 시달리면 두 사람이 얼마를 벌든 큰 도움이 안 된다. 설마 나에게 이런 일이 생길까 싶겠지만, 인터넷 게시판만 가 봐도 이렇게 문제 있는 가족은 널리고 널렸다.

야속하게 들리겠지만, 딱 잘라서 말하건대 돈 없고 능력 없으면 결혼해서는 안 된다. 독일 속담에 '사랑은 다능이고 돈은 만능'이라고 했다. 또 '가난이 앞문으로 들어오면 사랑은 뒷문으로 도망간다'는 말도 있다. 돈이 없어도 행복할 수는 있지만, 사랑하는 사람 고생시키는 것도 힘들고 마음 아픈 일이다. 아무리 사랑이 넘치고 마음이 바쁘더라도 결혼의 현실성을 충분히 감안해서 어느 정도 준비를 갖춘 뒤에 결혼하는 편이 낫다.

Briefing Chart

돈 없고 능력 없으면서 결혼할 생각을 하는 사람은 파렴치범이다. 단칸 셋방에서 시작해도 사랑만 충만하면 행복할 수 있다지만 경제적으로 너무 쪼들리면 사랑할 시간조차 없다. 몇 년 살고 말 것도 아니고 10년 뒤, 20년 뒤를 생각하면 선뜻 마음만 믿고 결혼하면 안 된다.

번듯한 전셋집은
한 채 해주시겠지

 할 때 '남자는 신혼집, 여자는 살림살이' 하는 공식이 명확했다. 그러나 요즘에는 집값이 워낙 비싸고 경쟁도 심하다 보니 두 사람이 힘을 합쳐 신혼집을 마련하는 것이 일반화되고 있다. 부모님이 웬만큼 지원해주지 않으면 결혼 전에 모은 돈으로는 변변한 전셋집 얻기도 수월치 않다. 이제 남녀 할 것 없이 일찍이 주택청약을 들어 놓고 내집 마련 기회를 최대화하고 있다. 최근에는 주택청약 관련 법률들이 현실화되고, 아파트 분양 원가 공개 등이 시도되면서 무주택자들에게 유리해졌다. 그러나 무주택 기간이 짧은 신혼부부에게는 오히려 악재로 작용할 수도 있음을 감안해서 대책을 세워야 한다.

이런 상황에 민감하게 대응하지 못하고 '신혼집은 당연히 남자가 마련하겠지' 또는 '시부모님이 30평 아파트 전세 하나는 얻어 주시겠지' 하고 마음을 놓으면 안 된다. 어떤 부모님들은 '설마 늙은 우리한테 기대하겠어? 지들이 알아서 하겠지' 하고 아예 '나 몰라라' 한다. 신혼집 마련에 대해 미리 의논하지 않고 혼자 마음대로 결혼 계획을 세우면 모든 것이 수포로 돌아갈 수도 있다. 일찌감치 정신 차리고 현실적인 답을 찾아야 황당한 꼴 당하는 일이 없다.

요즘 서울에서 30평 아파트 전세를 얻으려면 평범한 동네에서도 2억 원을 육박한다. 지역에 따라서는 그 두 배를 호가해서 전세금이 여느 동네 매매 가격을 훌쩍 넘어서기도 한다. 자식 키우고 가르치는 데 모든 것을 퍼붓고 버석버석한 껍데기만 남은 늙은 부모님이 마련하기에는 벅찬 가격이다. 서울의 비싼 지역이면 비싼 대로, 지방의 저렴한 지역이면 또 저렴한 대로 해당 생활권의 경제 수준이 있기 때문에 부담 없이 집을 사 주거나 넓은 집을 마련해 줄 것이라고 마음대로 생각해서는 안 된다.

신혼집을 마련할 때는 두 사람이 허심탄회하게 대화를 해야 오해가 생기지 않는다. 여자는 '남자가 알아서 하겠거니' 하고 신경도 안 쓰고, 남자는 또 남자대로 '여자가 얼마라도 보태겠지' 하고 앉아 있다 나중에 까놓고 보면 죽도 밥도 아닌 경우가 종종 있기 때문이다.

물론 가난하다고 해서 불행한 것은 아니다. 단칸 월세방에서도 얼마든지 행복을 가꾸고 사랑을 키워 가는 사람들도 있다. 그러나 목돈을 만들어 전세보증금으로 넣어 두지 않으면 뒷날 집 살 때 종자돈이 없어 고생해야 한다. 또 월세 내느라 1년에 수백만 원씩 날리다 보면 돈 모으기도 어렵다. 요즘에는 점점 전셋집이 없어지는 추세다. 은행 금리가 바닥을 기다 보니 보증금 많이 받아서 부담을 키우기보다 실속 있게 월세로 전환하겠다는 집주인들이 많아서다. 가까운 일본만 보더라도 전세 개념이 아예 없다. 입주할 때 1년 월세를 한꺼번에 받는 것이 보통이기 때문에 작으나마 자기 집을 가져야 알뜰한 경제생활이 가능하다.

우리나라도 점차 이런 풍경으로 바뀌고 있다. 하루 빨리 전세에서 벗어나지 않으면 계획에도 없던 월세를 물어야 될지도 모른다. 그러니 부디 살림살이나 결혼식에 들어가는 비용을 줄여서라도 두 사람이 힘을 합쳐 신혼집 마련에 힘을 기울이기 바란다. 살림살이야 살면서 하나씩 장만할 수 있지만, 집은 처음에 기반을 잡지 않으면 점점 더 어려워지기 때문이다.

Briefing Chart

내집마련은 재테크의 기본이다. 내집마련의 기초는 결혼하면서 닦아야 하는데 '남자가 알아서 하겠지,' '시부모님이 그 정도는 해주시겠지' 하고 넋 놓고 있다가는 낭패 보기 십상이다. 어차피 함께 살아야 할 인생, 다른 데 쓸 돈 최대한 아껴서 전세금에 묻는 게 현명하다.

두 사람의 재산과 빚을
털어놓고 보니

얼마 전 한 후배를 만났더니 남자친구와 마주 앉아서 상대의 부채와 재산을 전부 털어놓고 계산해 보았다고 한다. 철모를 때의 나라면 결혼을 앞두고 돈 애기부터 했다고 하면서 너무 계산적이라고 비웃었을 것이다. 그러나 사회생활을 15년쯤 하다 보니 나도 현실이 어떻다는 것쯤은 알게 되었다. 그래서 이 후배의 현명한 태도가 기특해 보였다.

사실 결혼이라는 돌다리도 두들겨 보고 건너야 할 것이, 나이 서른이 되도록 변변한 적금통장 하나 없이 카드빚만 수북이 쌓아 둔 남자가 한둘이 아니기 때문이다. 요즘은 너나 할 것 없이 주식에 펀드, 보험까지 빵빵하게 들어 보장자산까지 계산하는 세상이다. 비슷한 상황이라면 경제적인 조건이 좋은 사람과 시작하는 것이 인생을 앞서 나가는 비결이다.

어떤 여자는 결혼할 남자가 3,000만 원 정도 빚이 있다고 하기에 적금을 찾아 갚아 줬다고 한다. 어차피 결혼하면 함께 갚아야 할 돈이고 그를 워낙 믿었기에 크게 문제 삼지 않았던 것이다. 또 주변에서도 "남자들은 결혼을 해야 마음먹고 돈 모으지 총각 때는 절대 돈 못 모은다"고 하기에 그러려니 하는 생각이 들기도 했다.

그런데 결혼식 한 달 전에 들으니 빚 3,000만 원이 더 있다고 하더라란다. 그때는 화도 나도 속은 것 같은 생각도 들었다. 그러나 결혼이 얼마 남지 않았으니 어쩌랴, 나중에 함께 갚기로 마음을 먹었다. 그러다 결혼한 뒤에 보니 결혼하면서 생긴 빚이 2,000만 원에, 전셋집 보증금 7,000만 원 중 4,000만 원이 또 빚이더란다. 결혼하면서 떠안은 빚이 모두 9,000만 원이었다. 남들처럼 전세 보증금으로 1~2억을 깔고 들어가도 시원치 않을 판에 빚을 9,000만 원이나 지고 결혼생활을 시작한 셈이니 얼마나 기가 막혔겠는가.

이 부부는 저축은커녕 10년이 지나도 빚 청산하기에도 빡빡할 것이다. 그러니 무슨 희망이 있고 발전이 있겠는가. 돈에 관한 문제는 절대 믿으면 안 된다. 서로 밝힐 건 밝히고, 내놓을 건 내놓으면서 솔직하게 털어놓아야 현실적인 대책이 가능하다.

알뜰한 사람은 버는 족족 저축하고 20~30만 원으로 한 달을 버티지만, 그렇지 않은 사람은 월급으로 유흥비와 옷값 감당하기도 힘들다. 특히 남자들은 술값으로 날리는 돈이 만만치 않다. 맥주집에서 한두 잔 걸치고 수다 떨다 일어나면 그나마 몇 만 원선에서 끝나겠지만, 분위기 있는 바에서 위스키나 와인 한잔 하면 십만 원대가 넘는다. 평범한 회사원인 그가 만날 때마다 멋지게 차려 입고 와인바에 데리고 간다면 한 달 카드 대금이 얼마나 나오는지부터 물어볼 일이다.

20대에 재테크를 제대로 시작하려면 버는 돈의 50~60퍼센트는 저축해야 한다. 말이 쉽지, 버는 돈의 절반을 저축하기란 정말 어렵다. 출퇴근길에 들어가는 교통비와 점심 값만 해도 한 달이면 몇 십만 원이다. 또 회사에 다니려면 철마다 옷 몇 가지라도 입어야지, 차라도 있으면 할부금에 유지비에 여기저기 돈 쓸 일 천지다. 그러니 마음 독하지 먹지 않으면 일년 내내 월급 받아 봤자 남는 게 없다.

결혼 전에 돈 얘기 하는 것이 속물로 보일까 봐 주저하는 여자들도 있다. 그러나 요즘 세상에는 전혀 흠 잡을 일이 아니다. 고상한 척 아무 소리 안 하고 있다가 결혼한 뒤에 땅을 치고 후회하는 것이 훨씬 더 큰일이다. 궁금한 것이 있으면 물어보는 것이 좋고, 또 결혼을 약속한 사이라면 당연히 알 권리가 있다.

그가 정말 함께 살 만한 사람인지는 두 사람의 경제 상황을 털어놓고 이야기해 보면 금방 알 수 있다. 그가 돈이 있느냐 없느

냐도 중요하지만 왜 그렇게 되었느냐를 따져 보면 그 사람의 생
활 패턴이나 됨됨이가 훤히 드러나기 때문이다.

결혼 계획을 세우기에 앞서 서로 재산과 부채를 솔직하게 털어놓고 계산해 보는 것은
필수다. 현재 두 사람의 상황도 정확히 모른 채 목돈 들어갈 결혼 계획을 세우거나
재테크 계획을 세울 수는 없다. 계산적이라고 이맛살 찌푸리지 마라. 결혼은 원래 계산
적이고 현실적인 것이다.

어느새 술술 새어나가
버리고 없는 돈

결혼 준비할 때처럼 짧은 기간 동안 엄청난 돈을 쓸 일이 평생 또 있을까. 집값은 빼고라도 혼수에 예단, 결혼식, 신혼여행 등에만 수천만 원이 두세 달 사이에 들어간다. 지갑에 넣고 다니는 돈도 여느 때보다 많다. 그러나 쓸수록 헤픈 것이 돈이고, 살수록 부족한 것이 쇼핑이다.

이렇게 단기간에 목돈을 사용할 때는 나름대로 원칙을 세워두어야 나중에 후회하지 않는다. 돈이란 게 쓰다 보면 술술 새어나가고 어느새 바닥을 드러내기 때문이다. 또 똑같은 돈을 사용할 때도 일목요연하게 정리해 가면서 사용하면 헤픈 느낌이 덜해 안정감을 느낄 수 있다.

•• 사전조사로 스트레스와 낭비를 예방하라

대규모 쇼핑을 할 때는 전체 예산 내에서 항목별 할애 비율을 정해서 명확히 지켜야 한다. 100만 원짜리 제품을 사려고 했던 항목에 신제품을 욕심내다 보니 110만 원이 들어가고, 200만 원짜리 물건보다 250만 원짜리가 훨씬 좋아 보여 "다른 데 좀 줄이고 좋은 걸로 하지, 뭐" 하다간 나중에 쓰려던 돈까지 일찌감치 바닥나는 수가 있다. 게다가 꼼꼼히 적어 두지 않으면 돈이 다 어디로 갔나 싶다. 또 돌아다니면서 사용하는 경비도 만만치 않다. 전에 없는 대규모 쇼핑에 피로가 쌓이고 스트레스를 받다 보니 씀씀이가 커진다. 그렇잖아도 이런저런 스트레스에 시달리는데 돈만큼은 스트레스 안 받고 싶다고 생각하게 되는 까닭이다. 또 한꺼번에 몇 백만 원씩 들고 나가서 쓰다 보니 돈의 규모에 대한 개념이 흐려지는 것도 한 가지 원인이 될 수 있다.

이럴 때는 인터넷 서핑이나 아이쇼핑을 통해 충분히 사전조사를 해두면 도움이 된다. 항목별로 구입하고 싶은 모델을 정하고 가격 비교를 통해 구입할 곳을 결정해 두면 예산 범위 내에서 쇼핑을 마칠 수 있다. 또 현금을 들고 다니는 것보다 체크카드를 활용하는 것이 좋다. 체크카드를 사용하면 통장에 사용 내역이 표시되므로 금전출납부 정리하기도 한결 수월하다.

•• 살림살이 선택과 집중으로 실속 있게 마련하라

혼수 마련에도 선택과 집중은 빼놓을 수 없는 덕목이다. 예산이 넉넉지 않다면 가구, 가전, 주방용품 등 항목마다 최고급품으로 갖추려 하지 말고 특별히 비중을 둔 아이템에 집중하는 것이 좋다. 영화를 좋아한다면 TV와 DVD 플레이어에 비용을 할애하고, 요리를 좋아한다면 식탁이나 주방용품에 더 신경 쓴다. 또 손님이 많거나 남의 이목이 중요한 상황이라면 침실보다는 거실이나 주방에 돈을 더 들이는 것이 낫다.

또 결혼식이고 살림살이고 간에 자신에게 꼭 맞는 스타일로 선택해야 한다. '남들도 다 이 정도는 하던데……' 하며 생각 없이 따라 하는 것만큼 미련한 짓도 없다. 살림살이라는 게 맞벌이 부부 다르고, 전업 주부 다르다. 또 금세 아이를 가질 경우와 그렇지 않은 경우도 달라진다. 집은 원룸으로 얻어 놓고 혼수는 손님용 이불까지 바리바리 마련한다면 얼마나 미련한 짓인가. 모든 것은 상황에 따라, 사용할 사람의 특성에 따라 달라져야 한다. 예전에 한 선배의 얘기를 들으니, 돈은 없고 살 것은 많아 "적은 비용으로 최대한 많이 사 모으려다 보니 하나같이 허섭쓰레기뿐이라 집을 넓혀 이사 갈 때 전부 버려야 했다"고 한다. 남이야 뭐라고 하건 생략할 것은 과감하게 생략하고, 꼭 사야 할 것들만 제대로 골라서 사는 쪽이 현명하다.

Briefing Chart

혼수 쇼핑이나 결혼식 준비를 허투루하면 지갑에 구멍이라도 난 듯 돈이 새어나가 버린다. 단기간에 대규모 쇼핑을 할 때는 철저한 예산 분배와 사전 시장조사를 통해 일을 진행해야 한다. 남들 하는 대로 따라가는 데 급급하지 말고 두 사람만의 라이프사이클과 특성에 따라 설계하라.

마이너스 통장에
발등 찍힌 사람 많다

직장인들이 가장 생각 없이 지는 빚이 바로 카드빚과 마이너스 통장이다. 특히 마이너스 통장은 통장에 잔고가 있는 것과 다를 바 없이 내 통장에서 꺼내 쓰기 때문에 빚이라는 느낌이 별로 안 든다. 이자도 통장에서 알아서 빠져나가고 돈을 입금하면 또 자연스럽게 대출금이 상환되는 방식이기 때문에 전혀 대출이라는 개념 없이 사용하게 된다. 그러나 알고 보면 다른 어떤 대출보다 비싼 이자를 물어야 하는 것이 바로 마이너스 통장이다.

마이너스 통장의 무서움을 잘 모를 때는 500만 원짜리, 1,000만 원짜리 예금 통장이라도 가진 것처럼 든든하다. 그러나 마이너스 통장도 분명히 대출이다. 예를 들어 1,000만 원짜리 마이너스 통장을 만들고 200만 원을 꺼내 써도 개인신용정보에는 1,000만 원짜리 대출이 있는 것으로 기록된다. 또 수시로 넣었다 뺐다 하며 번번이 이자 액수가 달라져서 그렇지, 적어도 6~7퍼센트 수준의 고금리이고, 많으면 10퍼센트에 육박하기도 한다.

최근에는 제2금융권에 마이너스 통장을 개설하는 사람들도 적지 않다고 한다. 제2금융권의 대출 통장은 만들기는 수월해도 적잖은 수수료와 이자를 물어야 한다. 은행에 비해 융자 조건이 안 좋은 고객이 주로 찾다 보니 높은 이자율을 제시하는 것이다. 그러나 제2금융권 대출은 잘못 이용하면 고금리 사채 못지않은 이자를 물어야 한다. 돈이 필요하더라도 분명한 상환 계획 아래 신중하게 대출해야 한다. 또 마이너스 통장은 상환에 대한 부담이 적어 상환 시기를 지키지 못하는 사람이 많다. 생각 없이 쓰며 만기가 다가오는 줄도 모르다가는 갑자기 큰돈을 마련해야 할 위기에 맞닥뜨릴 수 있다. 마이너스 통장도 카드빚 못지않게 무서운 부채라는 것을 명심해야 한다.

•• **사채 마이너스 통장이라니, 미쳤니?**

더 무서운 것은 사채다. 요즘은 하도 사채 광고가 많아진 데다 유명 연예인들이 광고 모델로 등장하다 보니 거부감이 줄어들어 젊은 여성들도 사채에 관심이 많다. 경쟁적인 무이자 타령에, 여자라서 특별히 더 큰 혜택을 줄 것 같은 분위기, 마이너스 통장과 똑같이 조금씩 갚으면 된다는 속삭임이 달콤하기 그지없다. 심지어 돈을 거저 주겠다는 것처럼 느껴질 지경이다. 그런데 누가, 왜, 생면부지의 사람에게 돈을 거저 빌려주겠는가. 부디 정신 똑바로 차리기 바란다. 사채 마이너스 통장이라니, 순진한 건지 미친 건지 묻고 싶다. 사채 빌려다 쓰느니 차라리 굶는 게 낫다.

또 사채빚이 있는 사람과는 교제하는 것도 말리고 싶다. 그 원인이 자신에게 있든 가족에게 있든, 그 굴레에서 벗어나기가 쉽지 않을 것이다. 한 조사에 의하면 사채를 사용하는 사람은 이미 평균 3,000만 원이 넘는 빚을 지고 있다고 한다. 오갈 데가 없어 사채까지 끌어다 쓴 사람과 미래를 계획하는 데는 한계가 있을 수밖에 없다. 사랑도 좋지만 부디 정신 똑바로 차리고 냉정하게 판단하기 바란다.

Briefing Chart

부담 없고 사용하기 편한 마이너스 통장은 빚을 빚으로 인지하지 못하게 한다는 단점이 있다. 이자가 엄청나지만 내 통장에서 인출되고 자동으로 이자와 원금이 상환되니 감각을 상실하기에 딱 좋다. 게다가 요즘은 제2금융권과 사채 시장에서까지 마이너스 통장 운운하고 있으니 자칫 함정에 빠지지 않도록 주의가 필요하다.

카드로 혼수 구입하기의 허와 실

신용카드 한도가 큰 사람들은 혼수 구입이나 신혼여행 등에 신용카드를 사용하는 경우가 많다. 현금은 따로 아껴서 적금을 들거나 집값에 보태겠다는 의도에서다. 또 어떤 물건이나 서비스도 할부로 구입할 수 있으니 결혼해서 다달이 조금씩 갚으면 한결 수월하다는 생각이 지배적이다. 무엇보다도 카드의 특성상 수중에 현금이 없어도 한도 내에서는 자유롭게 사용할 수 있으니 얼마나 편리한가.

그러나 카드 대금도 엄연히 빚이다. 카드 사용이 습관화되면 빚에서 벗어날 수 없다. 특히 혼수를 카드로 구입하면 빚을 떠안고 결혼생활을 시작하는 것과 같다.

신용카드 할부수수료를 감당할 수 있는 금융 이자는 없다. 신용카드 할부수수료는 평균 15~20퍼센트를 넘나드는 데다 결제 날짜를 하루라도 어기면 이자가 엄청난 비율로 늘어나 사채와 다를 바 없다. 무이자 할부라 하더라도 어쨌든 빚을 내어 혼수를 구입하는 것이므로 새 인생을 출발하는 준비치고는 바람직한 태도라고 할 수 없다.

그나마 결혼과 관련해 신용카드를 유용하게 사용할 수 있는 경우는 해외로 신혼여행을 가는 경우다. 국내에서는 환전 수수료를 아낄 수 있는 여러 가지 방법이 있지만, 해외의 호텔이나 면세점 인근에서는 고액의 환전수수료가 붙는 경우가 많기 때문에 현금보다는 신용카드를 사용하는 것이 유리하다.

환율은 사용 기간 일주일 이내에 준해서 적용되며, '환가료'라고 하여 0.5~1퍼센트 수준의 수수료가 발생하지만 외화를 사고팔 때 발생하는 비용과 견주면 비슷한 수준에서 상쇄된다. 또 해외에서는 일시불로만 결제가 되지만 이후 국내 금융기관을 통해 할부로 변경할 수 있으므로 부담도 적다.

•• **체크카드와 현금영수증으로 대체하라**

2년 전까지만 해도 직장인들은 신용카드 사용 대금을 연말정산에 반영하기 위해 거의 모든 지출을 카드로 결제하곤 했다. 그러나 현금영수증 발급이 활발해지면서 신용카드의 연말정산 활용 의미가 줄어들고 있다. 오히려 가진 여윳돈 범위 내에서 체크카드를 사용하거나 현금 결제 후 현금영수증을 받는 편이 한결 경제적이라는 인식이 퍼졌다.

우리 부부도 최근에 7개나 되는 신용카드를 모두 없앴다. 처음 얼마간은 매사에 어색하고 불편했다. 또 이런저런 할인혜택을 받을 수 없어 너무 아쉬웠다. 그러나 지금은 그렇게 마음 편하고 좋을 수가 없다. 특히 온라인 쇼핑을 할 때는 신용카드가 없으면 무척 불편할 거라고 생각했는데, 무통장 입금을 활용할 수 있는 방법이 다양해 전혀 불편함이 없다. 밖에서 돈을 쓸 때도 현금 대신 체크카드를 쓰니 능력 범위 내에서 계획적으로 지출을 하게 되어 더욱 안심이다.

결혼처럼 큰돈을 갖고 단시간 내에 많은 지출을 해야 하는 특수 시기에는 더욱 주의가 필요하다. 예산을 세워 그 범위 안에서 최대한 알뜰하고 계획적으로 사용하는 것이 바람직하다.

카드 대금도 엄연히 빚이다. 혼수를 카드로 구입하면 결혼생활을 빚으로 시작하는 것과 다를 바 없다. 외상이면 소도 잡는다고, 현금이 없어도 카드로 물건을 구입하다 보면 예산을 초과하기 십상이다. 웬만하면 가진 돈의 범위 내에서 체크카드로 쇼핑하기를 권한다.

결혼 준비에서 가장 어려운 것이 예단인
지도 모르겠다. 예단이란 것이 인사치례로 하는 것이라 딱히 금
액이나 품목이 정해진 것도 아니고, 시어머니 흡족하게 해주자면
한도 끝도 없으니 여자들에게는 혼수에 버금가는 큰 부담이다.
또 예단은 양가의 자존심 대결로 비약되는 경우가 많아 신랑 신
부는 물론, 부모님들의 심리전으로 이어지기도 한다.

흔히 신부 댁에서 신랑 댁으로 얼마간의 예단금을 보내면 뒤
이어 신랑 댁에서 신부 댁으로 받은 금액의 40~60퍼센트 수준의
예단금을 보낸다. 신랑 댁으로 가는 예단금은 흔히 시부모님을
비롯해 형제, 삼촌, 고모 수준에서 선물을 마련하는 데 사용하고,

신부 댁으로 오는 예단금은 거의 신부의 부모님과 형제 정도만 감안해서 보낸다고 보면 된다. 그러다 보니 신랑 쪽으로 가는 비용이 신부 쪽으로 오는 비용보다 클 수밖에 없어 여자 입장에서는 왠지 억울한 느낌을 지울 수가 없다.

● ● 예단도 모두 집안 나름, 부모님 나름

그러나 이것도 다 집안 나름이고, 부모님의 가치관 나름이다. "예단 같은 것 절대 필요 없으니 최대한 아껴서 두 사람이 앞으로 살 궁리하라"는 부모님이 계신가 하면, 모피 코트부터 다이아몬드 반지까지 아예 목록을 뽑아 주는 시어머니도 있다.

어느 온라인 커뮤니티에 올라온 글 중에 해도 해도 너무한다는 생각이 들어 기억에 남는 것이 하나 있다. 이 집은 첫 대면부터 시어머니가 며느리를 탐탁치 않아 했다고 한다. 심지어 상견례 자리에서도 친정 쪽 식구를 무시하며 노골적으로 며느리 못마땅하다는 얘기를 들먹이더라는 것이다. 말인즉슨 "의사나 약사 며느리를 얻고 싶었다"는 것이다. 웃기는 것은, 이런 집일수록 정작 당신 아들은 시원찮다는 사실이다. 이 집 아들은 그저 그런 중소기업에 다니는 평범하기 짝이 없는 영업사원이었다. 어쨌거나 친정어머니는 분한 마음에 울화가 치밀었지만 가급적 마찰 없이 잘 지내기를 바라는 마음에서 혼수도, 예단도 넉넉히 준비했다고 한다. 신부 쪽에서 시댁으로 보낸 예단금은 1,000만 원. 그런데 나중에 신랑 쪽에서 보내온 예단금은 100만 원이 전부였다. 신부 댁에서 받았을 충격은 두말할 것도 없다.

이 사례를 읽고 있자니 무례하기 짝이 없는 시어머니에게 화가 치밀기도 했지만, 바보처럼 입 다문 신랑이 더 나쁘다는 생각이 들었다. 어머니가 의사 며느리 운운하면 "저도 잘난 것 없어요" 하며 애초에 입을 막아 뒀어야 했다. 또 어머니가 100만 원을 예단으로 보내려 할 때도 요령껏 좀더 쓰게 하거나 양가 몰래 자신이 좀더 얹어서 보냈더라면 좋았을 텐데 하는 아쉬움이 남았다. '난 몰라요' 하고 손 놓고 있어 봤자 어차피 자기 어머니 허물 드러내는 꼴밖에 안 되지 않는가.

예단 문제에서는 신랑의 역할이 중요하다. 중재자 역할을 할 사람이 신랑밖에 없으므로 문제가 생길 것 같으면 눈치껏 사전에 원천 봉쇄를 해야 한다. 남에게 잘 보이는 것보다 두 사람 잘 사는 것이 진정한 효도요, 자랑이라는 점을 분명하게 각인시켜서 부모님을 설득해야 한다. 결국 두 사람의 결혼과 관련된 일이니 미리 전후 사정을 솔직하게 털어놓고 현실적인 절충안을 찾아야 한다.

Briefing Chart

여자들에게 예단은 혼수에 버금가는 큰 부담이다. 그러나 예단도 다 집안 나름이고, 부모님의 가치관 나름이다. 예단에서 트러블이 생기면 두고두고 말썽의 소지가 되기 때문에 눈치껏 분위기를 잘 잡아야 하는데, 이때 신랑을 중재자로 삼아 시어머니와 적절히 협상할 줄 알아야 한다.

자식 결혼으로
한몫 보시려는 건가요?

벌써 한 5년 정도 된 얘기다. 내 친구 하나가 결혼한다는 소식을 들었다. 시댁도, 이 친구 집도 재벌은 아니라도 비교적 풍족했다. 듣자 하니 시어머니 되실 분도 교양 있고 아량 넓은 사람 같았다. 친구들 모두 "결혼은 수준 맞춰서 하는 게 좋지" 하며 축하해 주었다. 그런데 혼수와 예단을 준비하는 과정에서 뜻밖의 사건들이 연이어 일어났다.

하루는 혼수 준비 때문에 가전제품을 사러 갔는데, 친정이 지방이라서 시어머니와 함께 가게 되었단다. 이 친구는 최신형 냉장고 중에서도 가장 예쁜 냉장고를 골랐다. 그런데 얘기를 나누다 보니 시어머니 냉장고도 벌써 10년 가까이 된 것을 알게 되었

 Part 4 • 신혼 재테크, 결혼 전에 시작하라

다. 그래서 큰맘 먹고 "이참에 어머니 냉장고도 바꿔 드릴게요. 제 선물이니까 한번 보세요" 했단다. 그랬더니 두말없이 이 친구가 고른 것과 똑같은 냉장고를 고르더라는 것이다. 그런 다음 김치냉장고 고르는 걸 보고 있더니 시어머니 왈, "나도 김치냉장고 하나 살까? 이게 있으니까 김치 맛이 확실히 다르더라고" 하더란다. 혼수비용이 쪼들리는 편도 아니었고 해서, 어쩔 수 없이 "네, 그러세요" 하며 함께 계산을 했다.

그리고 며칠 후 예물을 하러 갔다. 신랑하고 둘이 가려고 했는데, 시어머니는 아는 집이 있다며 굳이 함께 가자고 따라 나오셨다. 며느리 반지 하나만은 볼 만한 것으로 해주고 싶다는 것이었다. 두 사람은 어차피 잘 하고 다니지도 않는 예물, 심플한 커플링이나 하나씩 하고 시계나 좋은 걸로 사려고 마음먹고 있던 차였다. 그런데 시어머니가 다이아몬드 세트를 해주시는 것이었다. 굳이 싫다고 거절할 이유는 없었지만 '자주 하고 다니지도 않을 텐데' 싶어 은근히 부담스러웠다. 그런 다음 시어머니는 나온 김에 자기 팔찌도 하나 맞춰야겠다며 묵직한 옥팔찌를 맞추었단다.

황당한 일은 예물을 찾으러 간 날 벌어졌다. 시어머니가 부르더니 예물 값이라고 주는데, 딱 이 친구 예물 값만 주셨다는 것이다. 시어머니 앞이라 꺼내서 세어 보지도 못하고, 예물점에 와서야 그 사실을 안 친구가 얼마나 당황스러웠겠는가. 신랑이 자기가 계산하겠다고 우겨 돈을 냈지만, 친구는 시어머니가 자식 결혼으로 한몫 보려는 게 아닌가 하는 생각이 들더란다.

실제로 이런 시어머니들이 적지 않다. 며느리한테는 의료기점에서 파는 자석 목걸이 반지 세트 해주고 자기 아들 반지는 다이아몬드 박아서 받았다는 진짜 실소를 금할 수 없는 실화도 있고, 싸구려 도금 세트를 예물로 받았다가 나중에야 속았다는 사실을 알게 된 며느리 얘기도 있다. 자기 옷은 백화점에서 사고 며느리 예복은 할인점에서 이월상품으로 사 준 시어머니도 아주 '히트'다. 그러면서 자기 몫의 명품 화장품 세트까지 요구하더란다. 며느리를 아주 녹차 우리듯 재탕, 삼탕 우려먹을 속셈이다.

이런 상대에게는 애초에 얕보이면 안 된다. 예단은 예단대로 챙기고 선물은 또 선물대로 챙기려는 시어머니에게 맞춰 주는 것도 한두 번이지, 좋은 마음으로 시작한 일이 나중에는 '누굴 봉으로 아나?', '이 정도면 사기 아닌가?' 하는 생각이 들게 한다. 해줄 건 즐거운 마음으로 해줘야겠지만, 아닌 건 절대 아닌 거다. 처음부터 원칙을 세워라. 섣불리 마음 약하게 굴거나 착한 척하다가는 발목 잡히기 십상이다.

Briefing Chart

자식 결혼으로 한몫 보려는 부모님, 분명히 있다. 이건 시부모도, 장인 장모도 마찬가지다. 특히 혼수나 예단 등을 마련할 때 시어머니가 어떻게 나오든 일방적으로 끌려가지 말고 두 사람의 계획과 원칙에 맞춰 냉정하게 판단해야 한다.

신혼집 얻는 데
나도 좀 보태야 하나?

신혼집 준비 때문에 고민하는 신랑 얼굴을 들여다보면 나한테 뭔가 바라는 게 아닌가 하는 생각도 든다. 집 준비하는 게 만만치 않다는 건 알고 있지만, 나도 혼수에 예단에 허리가 휘청거리니 쉽게 결정할 수 있는 문제가 아니다. 그러나 조금만 더 현실적으로 생각해 보면 두 사람 모두에게 결과적으로 좋은 선택이 무엇인지 알 수 있을 것이다.

솔직히, 아주 넉넉한 집안이 아니고서야 신부 쪽에서 집 얻는 데 보태겠다는데 싫어할 신랑이 있을까. 선배로서 권하자면, 예단이나 혼수는 확실히 줄이고 신혼집 얻는 데 최대한 보태는 쪽이 낫다. 혼수야 시간 지나면 낡고 유행 지나서 바꿔야 하지만 신

혼집은 얻어 놓으면 어디 도망가는 돈도 아니고, 결국 내집마련
의 밑천이 된다.

대신에 신혼집 얻는 데 보탰다면 자신이 한몫했다는 것을 팍
팍 표 나게 해야 한다. 기껏 집 얻는 데 돈 보탰더니만 "예단이
적네", "혼수가 부실하네" 하는 소리를 들으면 억울하기 짝이 없
다. 신랑 얼굴 생각해서 은근슬쩍 넘어가면 절대 안 된다. 시댁에
서의 입지를 잘 다져야 하는 신혼 초기에는 신랑 입장 생각할 때
가 아니다. "집 얻는 데 보태느라 혼수는 최소화했다", "예단은
생략하기로 했다" 하면서 친척들 앞에서 생색을 내고 자신의 입
장을 충분히 어필해 두어야 한다.

집을 살 때 등기도 부부 공동명의로 하는 것이 좋다. 이러면
공평한 느낌도 있고 세금도 아낄 수 있어 일석이조다. 어차피 두
사람이 함께 일구어야 할 살림인데, 초반에 기분 내는 데 낭비하
지 말고 실속 있게 함께 해 나가는 게 좋다.

그러나 과유불급이라고 했다. 신랑 쪽에서 별다른 준비 없이
은근히 신부 쪽에만 바란다면 그건 문제의 소지가 농후하다. 결
혼이란 물질적으로든 심적으로든 양쪽 모두 준비가 되어야 무리
없이 진행되는 것이다. 그런데 한쪽에서 전혀 준비 없이 상대방
에게 기대려고만 하는 건 몰염치한 짓이다. 이 문제를 방치하면
두고두고 비슷한 문제가 반복될 가능성이 높다.

내가 아는 사람 중에 준재벌급 집안의 무남독녀가 있다. 재산은 넘쳐 나는데 자식이라곤 딸 하나뿐이어서 부모님은 사위라도 번듯한 사람으로 얻어 주려고 했다. 당시 이 여자가 사귀던 남자는 찢어지게 가난한 집안에, 고등학교도 제대로 졸업하지 못한 '날라리' 문제아였다. 당시 나이가 여자보다 네 살 정도 어려 스물세 살인가 그랬으니, 결혼하기에도 너무 어린 나이였다.

그런데 시어머니 자리에서 이 여자를 아주 며느리 삼을 작정으로 결혼을 밀어붙이고 나섰다. 양가의 조건이나 분위기는 살피지도 않고 아들이 부잣집 딸을 만나고 있다는 사실 하나에 정신이 팔린 것이다. 결국 그 결혼은 무산되었고 얼마 안 가 두 사람은 헤어졌다. 그러나 이 어머니 하는 모양이 옆에서 보기에 얼마나 안 좋았던지 두고두고 욕을 먹어야 했다. 부잣집 무남독녀는 날아가 버리고 부족한 아들만 남았으니 이 어머니는 또 나름대로 속 좀 끓였으려나?

이 어머니처럼 아들이라도 팔아서 한몫 잡으려는 사람들이 진짜로 있다. 이런 작태는 못난 아들 둔 부모일수록 더하다. 시어머니가 도박에 미쳐서 며느리더러 친정에서 돈을 빌려오라고 했다는 얘기도 들은 적이 있다. "너희 부모가 우리한테 뭐 해준 게 있냐?"는 것이 이유였다. 세상에는 이렇게 뻔뻔하게 남에게 기대려는 사람이 있으니 그것만은 피해야 한다.

결혼 준비는 힘들면 힘든 대로, 부족하면 부족한 대로 서로 성의껏 힘을 합쳐 하는 것이다. 그런데 누가 봐도 아주 한쪽에만 덤터기를 씌우려는 속셈이 드러나는 경우가 종종 있다. 없이 살면 염치도 없어진다고 하지만, 사람이 지켜야 할 기본 도리는 지키고 살아야 한다. 또 남에게 도움을 받으면 부끄러운 줄 알아야 하고, 감사할 줄 알아야 한다. 하물며 작은 것 하나까지 일일이 함께 준비해야 하는 결혼 준비야 말할 것도 없다.

집은 남자가, 살림은 여자가 마련해야 한다는 법도 없고, 여유가 있으면 여자도 집 얻은 데 보태야 한다는 법도 없지만, 한쪽이 다른 한쪽을 이용하는 느낌이 든다면 잘못된 것이다. 이때는 결혼이고 뭐고 상대의 진심부터 헤아려 보는 시간이 반드시 필요하다.

Briefing Chart

웬만큼 여유 있는 집이 아니고서는 신혼집 얻는 데 며느리가 보태겠다고 하면 반색을 할 것이다. 그러나 이때도 요령이 필요하다. 집을 얻거나 사는 데 드는 돈은 눈에 보이지 않으니 쓸 돈 다 쓰고도 나중에 혼수나 예단 문제로 트집 잡힐 수 있다. 집값에 보태는 대신 생색은 팍팍 내야 뒷탈이 없다.

밖에서건 안에서건
경제력이 곧 권력

요즘 시어머니들에게 구박받는 1순위 며느리는 능력 없는 며느리다. 불과 10여 년 전까지만 해도 집에서 살림 잘하고 조용히 시부모 뜻 잘 받드는 며느리가 최고였는데, IMF 이후 많은 것이 달라졌다. 남자 혼자 벌어서는 집 장만하기가 하늘의 별따기인 데다 안정적인 직장이란 개념이 없어진 요즘에는 돈 잘 버는 며느리만큼 든든한 존재도 없다.

또 돈 잘 버는 며느리는 곧 시어머니의 지갑도 두둑하게 채워준다. 부부가 맞벌이를 하면 아무래도 시어머니의 손길이 필요할 수밖에 없고 반찬 한두 가지만 만들어다 줘도 쏠쏠한 용돈으로 이어진다는 것을 시어머니들도 잘 알고 있다.

요즘은 시어머니들 사이에 며느리 얘기가 나오면 아주 경쟁적으로 자랑하기 바쁘다고 한다. 누구네 며느리는 좋은 대학 나와서 대기업에 다니는데 연봉이 얼마네, 연말에 보너스를 얼마 받았네, 그래서 시어머니한테 무슨 선물을 해줬다는 둥 거의 모두 돈 얘기로 이어진다. 그러다 보니 집에서 살림만 하는 며느리를 둔 시어머니는 할 말이 없다. 그러고 나면 며느리는 또 며느리대로 들볶여야 하니 여간 고역이 아니다.

"능력 없는 며느리가 들어와서 내 아들 등골만 휜다"며 노골적으로 면박 주는 시어머니들도 적지 않다. 내가 아는 어떤 며느리는 시어머니가 친구와 전화 통화를 하면서 자기를 일컬어 "내 아들 등골 빼먹는 년"이라고 얘기하는 걸 듣고는 정이 구만리 밖으로 달아나 버렸다고 한다. "시원찮은 직장에 다니려거든 집에서 살림이나 하는 게 낫다"고 해서 어쩔 수 없이 직장을 그만두었는데, 오히려 집에서 살림만 한다고 욕하고 앉았으니 도대체 어쩌란 얘긴지 모르겠다며 혀를 내둘렀다. 남편이 받아 오는 쥐꼬리만 한 월급으로 적금 들고 애 키우고 시댁 생활비까지 대는데, 뭘 더 어떻게 해달라는 건지 알 수가 없단다.

현대사회는 돈이 곧 권력이다. 이 원리는 밖에서나 안에서나 마찬가지다. 어떤 조직에서건 돈을 가진 자가 군림하게 되어 있다. 시어머니와 며느리 사이에도 묘한 권력 관계가 형성되어, 결혼 초 고부간에 본격적인 기싸움이 벌어지는 집안도 적지 않다. 그러다 어느 한쪽이 꺾이면 이 관계는 영영 회복하기 어렵다.

이때 며느리가 힘을 쓸 수 있는 무기는 경제력이다. 시부모야 어차피 어른이고 부모이기에, 다른 어떤 방법으로도 이길 수 없다. 또 부모를 이기려 드는 것처럼 옆에서 보기에 민망한 것도 없다. 이럴 때는 조용히 돈으로 싸워야 한다. 물론, 치사하게 돈을 주느냐 마느냐로 싸우라는 얘기는 아니다. 그와는 정반대다. 돈으로 치사한 기분이 들게 하면 절대 권력을 쥘 수 없다.

용돈을 드릴 때는 화끈하게, 경조사 때는 부모님들 얼굴 설 정도로 넉넉하게, 생활비를 드릴 때는 정해진 날짜에 정해진 액수를 명확하게 드려야 한다. '줄 때가 됐는데 안 주네' 하는 생각이 들면 받은 뒤에도 찜찜한 기분이 사라지지 않는다. 늘 즐거운 표정으로 때맞춰 드려서 며느리에 대한 칭찬거리로 만드는 게 가장 좋은 방법이다.

•• 용돈을 드릴 때 주의할 몇 가지 요령

그렇다고 해서 시어머니한테 돈을 펑펑 퍼부어 인심을 쓰며 사랑과 권력을 거머쥐라는 건 아니다. 시어머니한테 돈을 드릴 때도 기술이 있고 요령이 있다. 돈은 주고받는 과정 속에서 권력이 형성되기 때문이다.

돈은 적은 액수라도 봉투에 넣어서 반드시 시어머니에게 직접 전달해야 한다. 또 봉투를 건넬 때는 "이번 달에는 할머님 제사가 있어서 조금 더 넣었어요", "이번 달에는 경조사 때문에 돈

나갈 곳이 많아 많이 못 넣었어요" 하는 식으로 적당히 한마디씩
하면 더 좋다. 말없이 돈만 건네면 받는 사람도 은근슬쩍 넘어간
다. 어떤 용도로 주는 돈인지, 액수가 왜 그만큼인지 드러내는 말
을 곁들여야 받는 고마움이 더욱 커지고 작은 돈이라도 생색내기
에 좋다.

또 시어머니 휴대폰 비용을 내드린다면 이메일 청구서 받아
서 쥐도 새도 모르게 자동이체할 게 아니라, 청구서를 우편으로
배달 받아 본인이 사용한 금액을 직접 확인하게 한 뒤에 납부하
는 편이 좋다. 온라인 청구서나 자동이체 할인 등을 받을 수 없어
아쉽긴 하지만 몇 백 원 할인 받는 것보다 더 큰 것을 얻을 수 있
다. 돈은 언제 얼마를 드리느냐보다 어떻게, 얼마나 요령껏 드리
느냐에 따라 효과가 달라진다.

Briefing Chart

밖에서든 안에서든 돈이 곧 권력이다. 며느리가 시부모 앞에서 힘 쓸 수 있는 무기도 경제
력이다. 용돈을 드릴 때는 치사한 기분이 들지 않게, 건넬 때도 요령껏 해야 권력의 흐름을
거머쥘 수 있다. 되는 대로 퍼붓고도 좋은 소리 못 듣는다고 투덜댈 게 아니라, 나의 돈
쓰는 방법에 문제가 있는지 되돌아보라.

결혼 전부터 꼭 들어야 할
저축과 보험

목 빠지게 월급날 기다려 술 마시고 쇼핑하고 친구들과 어울려 다니다 보면 남는 돈이 별로 없다. 그나마 지난달에 사용한 카드 대금 빠져나가고 나면 교통비랑 점심값도 달랑달랑할 판이다.

결혼 전에 조금이라도 돈을 모으려면 여간 힘든 일이 아니다. 그나마 부모님과 함께 사는 사람들은 훨씬 유리하다. 혼자서 월세 내고 세금 내면서 사는 사람들은 30~40만 원도 저축하기 어려운 것이 현실이기 때문이다.

그렇다면 5년 정도 직장생활을 해온 커플들은 저축을 얼마나 해 두었을까? 그 돈으로 결혼할 수 있을까? 1년에 1,000만 원 이상 저축한 사람은 얼마나 될까? 또 암보험이나 건강보험 한두 가지는 미리 들어야 하지 않을까? 결혼 전부터 꼭 들어 두어야 할 저축과 보험에 대해 짚어 보자.

•• 주택청약과 CMA 급여통장은 기본

월급이 많건 적건, 나가는 돈이 많건 적건, 결혼 예정이 있건 없건 반드시 들어야 하는 저축 상품이 주택청약이다. 최근에야 청약 상품의 가치가 바닥에 떨어져 별 의미가 없다고들 하지만 오히려 무주택자들에게는 좋은 기회가 되기도 한다. 또 단순히 비과세나 세금우대 혜택만 봐도 당연히 들어야 한다. 여기에 더해 개인에 따라 유리한 조건의 금융상품 한두 개 들어서 종자돈 모으기에 돌입해야 한다.

CMACash Management Account 통장 가입도 기본. 급여통장을 CMA로 전환하면 다른 어떤 상품보다 높은 이자를 받을 수 있다. CMA는 우량 어음이나 채권 등으로 운용하는 실적 상품으로, 예탁기간을 미리 정할 필요 없이 출금 시 예탁일수에 따라 금리가 적용되므로 매우 편리하다. 단 하루만 맡겨도 연 4~5퍼센트 정도의 수익을 기대할 수 있다. 또, 일반 체크카드처럼 결제도 자유로운 데다 마일리지 혜택이나 캐시백 기능 등 다양한 부가 서비스도 제공되어 더욱 매력적이다.

•• 보험 한두 개는 결혼 전부터 가입하라

최근 들어 중요성이 강조되는 것이 보험이다. 기본적인 건강

보험은 물론, 펀드와 연동되는 투자형 보험도 다양하게 출시되어 선택의 폭이 넓다. 암처럼 치료비가 많이 드는 경제 질병들에 대한 보험은 갈수록 없어지는 추세이므로 늦기 전에 능력 범위 내에서 하나 정도 들어 두는 것이 좋다. 또 여유가 있다면 연금 형태의 보험도 질병에 대한 보장과 동시에 노후대책을 마련할 수 있어 좋다.

이런 것들은 거의 재테크라고 할 수 없을 정도로 기본적인 상품이다. 특히 보험은 수익보다는 보장성이 강하기 때문에 재테크 계획과는 별도로 준비해야 한다. 이렇게 결혼 전부터 자신에 대한 대비를 분명히 해 두어야 이후 배우자와의 균형도 맞출 수 있다. 혹시 남편 될 사람이 주택청약이나 건강보험 등에 전혀 관심이 없다면 반드시 결혼 전에 시작하도록 조언해야 한다.

20대 때 재테크를 시작하지 않으면 결혼한 뒤에는 회복할 길 없이 나락에 빠질 수 있다. 남들은 주식에, 펀드에, 목돈을 굴려 가며 노후자금 마련하는데, 1년 가야 고작 돈 천만 원짜리 적금도 못 하고 있다면 하루 빨리 정신 차려야 한다. 남녀를 가릴 것 없이 주택청약과 CMA는 기본, 건강보험 한두 가지는 필수적이다.

결혼식에도
선택과 집중이 필수

　　　　　　　　 쓰는 돈 중에 가장 허망하게 없어지는 큰돈이 바로 결혼식 비용이다. '평생 한 번 하는 결혼식인데' 하는 마음에 최대한 좋은 것으로, 최대한 예뻐 보이게 준비하고 싶겠지만 실속을 차리려면 선택과 집중으로 과욕은 버려야 한다. 투자를 할 때나 공부를 할 때 선택과 집중이 기본인 것처럼, 결혼식도 마찬가지다.

　　결혼식 때 사용하는 비용을 따져 보면 예식장, 하객들 음식, 웨딩드레스와 턱시도, 화장, 머리 손질, 부케, 한복, 폐백음식, 사진과 비디오 촬영, 갖가지 이벤트까지 1,000만 원이 넘는 돈이 든다. 30분 예식 치르는 데 들이는 돈 치고는 너무 많은 것이 사실이다.

웨딩드레스나 한복만 해도 몇 십만 원에서 몇 백만 원까지 천차만별이다. 돈 있는 사람들은 몇 천만 원짜리 드레스에, 한복도 몇 벌씩 맞추기도 한다. 그러나 뱁새가 황새 쫓아가다간 가랑이가 찢어지는 법이다. 뭐든 분수에 맞게, 남이 눈살 찌푸리지 않는 선에서 해야 한다.

한복만 해도 그렇다. 내 경우엔 폐백 드릴 때 한 번, 신혼여행에서 돌아와 절 올릴 때 한 번 입은 게 전부다. 그 예쁘고 값비싼 두루마기는 아예 한 번 입어 보지도 못하고 묵히고 있다. 명절에야 기름 냄새 풍기며 음식 준비하고, 손님상 차리기도 바쁜데 한복이 다 뭔가. 두고두고 입겠다고 고급스럽게 맞출 필요 없다. 폐백 드릴 때 활옷 안에서 구겨지는 게 한복의 몫이다.

신혼집 얻을 돈도 넉넉지 않은데 굳이 호텔 결혼식을 고집한다거나 웨딩드레스 숍에서 순간적으로 욕심이 동해 예산보다 훨씬 비싼 드레스를 맞추는 실수는 절대 하지 마라. 메이크업도 굳이 일류 미용실에 가지 않아도 얼마든지 예쁘게 할 수 있다.

또 예식장에서 권하는 대로 이것저것 다 하다 보면 얼렁뚱땅 큰 의미도 없는 일에 돈을 쪼개 없애기 십상이다. 굳이 요란한 축포를 울리거나 비눗방울에 안개 연출까지, 거절하지 못하고 사인하다 보면 예상 밖의 비용이 추가되어 배보다 배꼽이 더 커진다. 원하는 것과 필요한 것을 명확히 체크하고 예산을 세워 철저하게 그 안에서 움직여야지, '좋은 날, 좋게 좋게' 하는 식으로 하다 보면 분명 나중에 후회한다.

결혼식 자체에 대해서는 애초에 콘셉트를 명확히 잡아야 적은 비용으로 만족도를 높일 수 있다. 꼭 하고 싶은 것, 안 해도 되는 것을 분명히 정하고 결혼식 분위기 연출과 이벤트를 선정해야 한다. 장소만 해도 교회나 성당 같은 종교단체에서 임대할 수도 있고, 날씨가 좋으면 가족공원 같은 야외에서 할 수도 있다. 동창회관이나 구민회관처럼 넓고 저렴한 예식 공간도 있고, 일반 예식장에서 평범하게 할 수도 있다.

시간도 꼭 토요일 오후를 고집할 필요 없다. 얼마 전에 평일 저녁 결혼식에 다녀온 적이 있는데, 저녁이라는 시간만으로도 충분히 이벤트가 되었다. 곳곳에 촛불을 밝혀 분위기를 돋우니 돈으로도 만들 수 없는 분위기가 연출되었다.

남들 다 하는 식으로 따라 하기보다는 두 사람만의 의미를 살려 선택과 집중을 해야 축복 가득하고 만족스러운 결혼식이 될 수 있다.

Briefing Chart

결혼식 30분 치르는 데 돈 천만 원이 없어진다. 예식장에서 권하는 대로 이것저것 다 사인하다 보면 쓸데없이 돈을 없애기 십상이다. 결혼식은 분명한 콘셉트를 가지고 선택과 집중을 해야 한다. 남의 눈을 신경 쓰기보다는 두 사람이 행복한 것이 훨씬 중요하다는 것을 잊어서는 안 된다.

친구들 축의금은
직접 받아 챙기는 센스!

 부조금을 내어 상부상조하는 것은 우리의 오래된 전통이다. 축하도 축하지만 큰돈이 드니까 서로 조금씩 돕자는 의미다. 특히 어른들은 방명록을 남겨 뒀다 두고두고 품앗이를 하곤 하신다.

그래서 당사자들이 축의금을 생략하고 싶어도 부모님이 '깔아 놓으신' 게 있으니 안 받는 게 오히려 실례가 되기도 한다. 당사자들 입장에서는 좋은 일에 돈 얘기하는 것이 안 좋게 느껴질 수도 있지만, 다들 축하하는 마음에서 십시일반 돕는다는 뜻으로 주시는 것이기 때문에 그냥 감사히 받으면 된다. 또 기회가 있을 때 성의껏 보답하면 오는 정 가는 정이 있어 좋지 않겠는가.

사실 축의금은 그동안 부모님께서 지인들 경조사에 참석하면서 부조한 것을 되돌려 받는다는 의미가 강해서 부모님 몫으로 돌아간다. 보통은 그 돈으로 예식비나 음식비 등을 치러 주시는 정도만으로도 감사하고, 종종 인심 후하게 쓰시는 분들은 신혼여행 때 쓰라며 좀 떼어 주시기도 한다. 또 신랑 신부의 친구들이나 직장에서 들어온 축의금은 따로 계산해 두었다가 떼어 주기도 하지만 주신다고 그걸 또 넙죽 받아오기도 민망하다.

그래서 눈치 좀 있는 친구들은 신랑 신부에게 직접 축의금을 건네기도 한다. 그렇다고 해서 "너희들 축의금은 내게 직접 줘야 해" 하고 사전에 얘기할 수는 없고, 친구들이 신랑 신부에게 직접 축의금을 건네면 굳이 마다하지 말라는 얘기다. 이때는 감사히 받아서 들러리 친구에게 맡기면 된다. 이 돈은 신혼여행지에서나 신혼 초 어른들께 인사 다닐 때 유용하게 쓸 수 있다.

•• 절값 잘 챙겨야 실수 없이 보답할 수 있다

또 한 가지 잘 챙겨야 할 봉투가 있는데, 바로 폐백 때 신부가 받는 절값이다. 절값은 가까운 친척들이 새 신부의 절을 받고 내놓는 복돈인데, 폐백에 참석할 친척들은 축의금과는 별도로 절값을 준비해 온다. 이때 생각 없이 봉투를 받다 보면 어떤 것이 누가 준 봉투인지 알 수 없게 된다. 다들 축의금을 이미 낸 터라 많은 액수를 넣지는 않지만, 주는 마음에 따라 금액도 달라지게 마련이니 따로 기록해 두었다가 두고두고 갚는 것이 예의다.

그런데 절값 봉투에는 이름을 적지 않는 경우가 많다. 친척들 얼굴도 잘 모르는 데다 수모들 손에 이끌려 절하느라 경황이 없어 누가 얼마를 주었는지 전혀 가늠할 수 없는 상황이 되는 것이다. 절값은 보통 서열대로 앉아 차례대로 건네주시기 때문에 순서대로 차곡차곡 모아 두었다가 신혼여행지에서 확인하면 된다. 이때 신랑의 도움을 받아 어느 분이 얼마나 주셨는지 적어 두어야 나중에 실수가 없다.

축의금이고 절값이고 세상에 공짜가 어디 있겠는가. 신혼여행을 다녀온 뒤에 인사 드리려면 섭섭지 않게 선물도 해 드려야 하고, 나중에 다른 경조사 때 품앗이할 일도 있다. 절값으로 받은 돈은 신부가 시댁 어른들께 받은 첫 용돈이니만큼, 손대지 말고 따로 모아 두었다가 오랫동안 기념이 될 만한 물건을 구입하거나 신부 개인 통장을 만들면 좋다.

결혼식 축의금으로 상부상조하는 것은 우리의 오래된 전통이다. 부모님이 뒷날 생각하고 깔아 놓으신 것이니 만큼 신랑 신부 당사자들은 욕심낼 게 없다. 그러나 친구나 직장 동료들 축의금은 직접 받아 챙기는 것이 센스. 일단 접수대로 들어가면 다시 받기 민망하니 눈치껏 미리 당겨 받는 것도 괜찮다.

자기야~ 나 잡아봐라~
엄마, 여기 바다빛이
정말 환상이야~
담에 꼭 같이 와요~
시어머님=
남편의 본처
헉!!!
그냥 니 본처를
데리고 오지
그랬냐?

신혼의 단꿈,
신혼여행과 함께 끝난다

신혼여행 다녀오면 기나긴 현실이 기다리고 있다.

신혼은 기대만큼 길지도, 달콤하지도 않다.

이제 정신 똑바로 차리고 제 앞가림을 해야지,

이제 정신 똑바로 차리고 제 앞가림을 해야지, 이제 정신 똑바로 차리고 제 앞가림을 해야지, 인생 꽉꽉해지기 십상이다.

결혼식과 허니문의 나른한 감상에서 벗어나지 못하면 인생 꽉꽉해지기 십상이다.

남편과의 관계, 시댁 식구와의 관계 설정 하나하나가

당신의 앞날을 좌우할 것이라는 것을 인지하고 하나하나 현명하게 대처해야 한다.

결혼식의 흥분과 설렘은
이제 그만!

'신혼의 단꿈'이라는 말은 '신혼여행의 단꿈'이라는 말로 바뀌어야 한다. 신혼여행에서 돌아옴과 동시에 어마어마한 결혼생활의 현실이 펼쳐지기 때문이다. 자신만만하던 그의 약속과는 너무나 다르고 실망스러운 것이 결혼의 현실이다. 그의 말만 믿고 영화 같은 신혼을 꿈꾸었다면 단연 회의에 젖게 된다. 결혼 후 1년 이내 이혼율이 상상 이상으로 높은 것은 이런 현실에 대한 대비가 없었기 때문이다.

정신없이 지나간 결혼식과 세상사 모두 까마득하게 잊은 신혼여행은 마음껏 음미하고 볼 일이다. 이때야말로 다시는 경험할 수 없는 달콤하고도 아름다운 단꿈의 시간이기 때문이다. 그러나 신혼여행을 마치고 집으로 돌아오는 순간, 아니 비행기를 타고 공항에 내리는 순간 "낭만 끝, 생활 시작!"이다.

•• 하루 만에 완전 생활인으로 돌아오다

신혼여행에서 돌아오면 1분이라도 빨리 정신을 차리고 생활인으로 돌아와야 한다. 현실은 나의 신혼여행이 끝나기를 턱 받치고 기다리고 있는데, 나는 아직 비몽사몽 꿈속을 헤매고 있어서는 안 된다. 이제부터 정신없는 신혼의 일상이 시작된다. 사랑하는 그와 둘만의 시간을 만들기란 생각처럼 쉽지 않다. 끝없이 나를 지키고 배려해 주던 그가 이부자리 정리하고 발 닦는 수건 하나까지 챙겨 줘야 하는 어린아이로 변하는 데는 채 하루도 걸리지 않는다.

두고 봐라. 집에 도착하자마자 당신은 여행가방을 풀고 밀린 빨래를 정리해야 한다는 생각에 마음이 무거운데, 그는 그저 "아이고, 내 집이 제일 좋다!" 하며 소파에 벌러덩 드러누워 좀체 일어날 생각을 안 할 것이다. 그뿐인가. 다음날 아침, 화장하고 출근하기 바쁜 당신은 그를 챙겨 먹여야 한다는 생각에 더 경황이 없다. 그 와중에도 그는 "5분만 더, 10분만 더……" 하며 이불을 끼고 뒹군다. 이런 아침이 며칠만 반복되면 눈에 불이 켜지는 것은 순식간이다.

•• 결혼생활에 대한 적응기, 6개월은 필요하다

개인의 인생에서 결혼은 아주 큰 고비이자 변화다. 수십 년

동안 익숙하던 삶의 터전을 바꾸고 가족을 바꾸고 생활환경을 바꿔야 하는 일이기에 행복한 마음의 저변에는 엄청난 스트레스가 작용한다. 여기에는 결혼생활 적응기가 필수적이다. 좋은 일이든 나쁜 일이든 큰 변화는 정신적 쇼크를 동반하게 마련이고, 몸과 마음이 여기에 적응해 새로운 법칙을 찾아내는 데는 시간이 필요하다.

상당수의 결혼 초기 여자들이 '왜 이렇게 안 행복하지?' 하고 고민하는 것은 바로 이런 문제 때문이다. 주변을 살피고 상황을 돌아봐도 특별히 문제가 없는데도 왠지 모르게 우울해진다. 그러다 보면 '내가 결혼을 잘한 건가?' 하는 쓸데없는 고민에 이르게 된다. 그러나 크게 걱정할 필요 없다. 누구나 6개월 정도 적응기가 필요하다. 그중에서도 특히 처음 두세 달은 정신없이 지나간다. 이 시기는 '새로운 생활이 익숙지 않아 으레 그러려니' 하고 넘기면 된다. 그렇잖아도 여기저기 인사하랴 집들이하랴 정신없이 하루하루가 지나가는데 마음까지 괴롭히지는 말기 바란다.

Briefing Chart

신혼여행에서 돌아오자마자 냉정한 결혼생활의 현실이 펼쳐진다. 그러다 보면 생활에 치여 사랑과 행복도 남의 일만 같다. 이 시기가 바로 결혼생활 적응기다. 그가 순식간에 생활인으로 돌변하고 팍팍한 현실이 가슴을 조여 와도 '으레 그런 것이려니' 하고 넘겨라.

인사 전화 잘못하면
평생 갈등 부른다

 결혼식을 마친 그 순간, 신혼여행을 떠날 때부터 차곡차곡 쌓여 간다. 부모님들이 특히 민감하게 생각하는 부분은 안부 전화다. '얼굴 본 지 한 시간밖에 안 되었는데, 무슨 안부 전화?' 싶겠지만, 탑승수속 하는 동안 전화 한 통 하느냐 안 하느냐는 하늘과 땅 차이다.

"어머니, 잘 들어가셨어요? 오늘 너무 힘드셨죠? 저희 잘 다녀오겠습니다!" 하는 참 쓸데없어 보이는 전화 한 통이 시부모와의 관계 설정에 지대한 영향을 미친다. 부모님들이 집에 들어오자마자 하는 생각이 바로 '애들이 공항에는 잘 도착했나? 비행기는 잘 탔나?' 하는 것이기 때문이다. 바로 그 순간, 대답이라도 하듯 전화벨이 울린다면 더없이 만족스러운 상황이 되는 것이다.

•• 바보가 아니면 꼭 알아야 할 전화 요령

안부 전화는 신혼여행지에서도 수시로 해야 한다. 귀찮더라도 호텔에 도착하자마자 전화기부터 집어 들어야 후환을 막을 수 있다. "저희 잘 도착했습니다. 호텔도 편안하고 날씨도 좋으니 저희 걱정은 마세요", 또는 "여기 너무 좋네요. 다음번에는 어머님, 아버님도 한번 모시고 올게요" 정도는 기본으로 해줘야 한다.

이때 중요한 행동요령 하나! 어느 쪽에 전화를 하든 그쪽에 먼저 전화한 것처럼 말해야 한다. 아들이 처가에 먼저 전화했다는 눈치가 있으면 좋아할 시어머니 결코 없다. 눈치 없이 "저희 엄마도 몸살 나서 찜질방에 간다고 하시던데, 어머니도 찜질방에나 다녀오세요!" 하는 바보 같은 소리는 제발 참아 주시길.

사실 신혼여행이라는 것이 두 사람에게도 새롭고 즐거운 일이다 보니 다른 사람 생각할 겨를이 없다. 그러나 번거롭고 머리 아프던 결혼식을 마친 부모님들에게 참 하릴없고 지루한 시간이 바로 이 시간이다. 두 사람이 '신혼여행의 단꿈'에 젖어 있는 동안 부모님들은 먼저 적응기를 거쳐야 하는 것이다. 당신의 아들이나 딸이 이제 나만의 자식이 아니라는 사실은 큰 쇼크이자 견디기 힘든 변화다. 특히 부모님들의 적응기는 신랑 신부처럼 누군가를 얻은 쪽이 아니라 잃은 쪽에 가까워서 상실감이 클 수밖에 없다. 아들을 결혼시킨 홀어머니나 딸을 시집보낸 어머니들은 이 시기에 우울증을 겪기도 한다.

신혼여행을 다녀와서는 시댁, 친정, 그것도 아니면 우리 집, 세 곳 중 어디로 먼저 가느냐가 말썽이 될 수 있다. 특히 여자들은 집에 두고 온 물건도 있고, 이바지 음식도 가져와야 하니 친정에 들렀다 시댁으로 갔으면 하는 마음이 크다. 또 전통적으로도 그게 맞다. 원래 혼례는 신부의 집 앞마당에서 치르고, 신부 집에서 초야를 보낸 뒤 하루 이틀 더 묵고 시집으로 들어가는 것이 전통이다. 그러나 욕심 많은 시어머니들은 대개 "지가 감히 신혼여행 다녀오자마자 친정으로 달려가?" 하며 괘씸해 한다. 그러고는 며느리 버릇 가르친다고 벼르며 기다린다.

아는 후배 하나는 신부 들러리를 해준 친구가 한복을 친정으로 갖다 놓는 바람에 된서리를 맞았다. 아무래도 첫 절은 한복을 입고 드리는 것이 좋겠다 싶어 신랑하고만 살짝 입을 맞추고 아무도 몰래 친정에 가서 옷만 갈아입고 온다는 것이 결국 시어머니에게 들통이 나고 말았다. 역시나 시어머니는 펄펄 뛰었다. "결혼하자마자 시에미 눈이나 속이는 못된 년"이라며 며느리를 사람 취급도 안 하려 들었단다.

신랑 신부 입장에서 보면 뭐가 그리 대단한 일일까 싶지만, 시부모 입장에서는 위신 문제라고 생각한다. 특히 은근히 사돈댁과 경쟁심을 갖고 있는 시부모라면 필요 이상으로 역정을 내실 게 뻔하다. 상당수의 고부갈등은 사돈댁에 대한 시어머니의 열등감이나 우월감에서 생긴다. 시어머니가 화를 내는 이유는 101가지도 넘지만, 그중 30가지 정도는 '자존심이 상해서'로 요약할 수 있다.

　시댁과 친정, 둘 중 하나가 아예 지방에 있어서 말썽의 소지
가 없다면 상황을 분명하게 밝히고 요령껏 행동하면 되지만, 그
렇지 않은 경우에는 처음부터 시어머니에게 빌미를 주지 않도록
조심, 또 조심해야 한다.

대부분의 부모님들이 신혼여행지에서 걸어오는 전화에 촉각을 곤두세운다. 자식 결혼시킨다
고 몇 달 바쁘게 지내다 갑자기 한가해진 부모님 입장에서는 충분히 가능한 일이다. 안
보일 때는 적당히 거짓말도 섞어 가며 서운해 하는 부모님 기분 맞춰 드리는 것이 효도다.

주도권 싸움 걸어오는 시어머니 대처법

모르는 사람들은 고부간의 주도권 쟁탈전을 두고 "부모 자식 간에 무슨 주도권 싸움?"이냐고 하겠지만, 나는 정말 어이없는 얘기를 수도 없이 들어왔다. 맞벌이 부부인 경우 '우리 집 열쇠를 시어머니에게도 맞춰 줄 것인가, 말 것인가'는 아주 중요한 갈등 요인이다. 시어머니는 '너희들 없을 때 가서 청소도 해놓고, 반찬도 만들어 놓으면 좋지 않으냐'고 쉽게 생각하지만, 반대로 며느리 입장에서는 내가 없을 때 다른 사람이 내 살림을 보거나 만지는 것이 싫을 수밖에 없다.

어느 집은 며느리가 집에 있는데도, 시어머니와 시누이가 수시로 현관문을 따고 들어온단다. 며느리는 깜짝깜짝 놀라 간이 떨어지는데도, 시어머니는 "내가 내 아들 집에 오는데 꼭 전화하고 벨 눌러야 되느냐"며 오히려 당당하다. 며느리는 이게 내 집인가 시어머니 집인가 싶기도 하고, 자신을 의심해서 저러나 싶기도 해서 부엌에서 설거지할 때조차 현관문 열쇠구멍에 온 신경이 가 있다고 한다.

사실 시어머니와 며느리 사이의 주도권 쟁탈전은 신혼여행 직후부터 시작된다. 그러나 안타깝게도, 시어머니가 아무리 엉뚱한 소리를 해도 함부로 응수할 수 없는 새 며느리는 늘 약자일 수밖에 없다. 시어머니 말끝에는 어떤 대답을 해도 말대꾸가 되기 때문이다.

시어머니의 트집거리는 상상을 초월할 만큼 다채롭고, 넌덜머리가 날 정도로 반복적인 것이 보통이다. 앞에서 얘기한 것처럼 신혼여행지에서 안부 전화를 했느냐, 신혼여행 마치고는 곧장 시어머니 무릎 앞으로 달려왔느냐 등을 위시해서, 결혼식에서 친정 식구가 맘에 안 들게 행동한 일은 없는지, 굳이 너희들이 고집을 부려 정한 결혼식장이나 음식이 어땠는지, 예단으로 준비해 온 이불 등에 대해 고모들이 어떻게 반응했는지 등등……. 신혼여행에서 돌아오는 며느리를 맞이하기 위해 시어머니는 무궁무진한 야단칠 거리를 준비한다. 무슨 이야기보따리 풀듯, 시어머니 허리춤에는 트집주머니라도 달려 있나 싶을 정도다. 여기에 불을 붙이자면, 결혼식에 참석한 하객이 귀에 거슬리는 말이라도 한마디했다면 아예 눈에 쌍심지를 켤 가능성이 매우 높다.

내가 아는 어떤 시어머니는 결혼식 당일, 자신의 며느리가 조카뻘 되는 친척과 아는 사이라는 것을 알게 되었다. 그런데 그 조카가 뭐라고 했는지, 아들 며느리가 신혼여행에서 돌아오자마자 첫마디가 "너 누구 알지? 걔가 네 얘기하더라" 하며 무슨 대단한 약점이라도 잡은 사람인 양 굴더라는 것이다. 그 조카 되는 사람은 거래처 사람으로, 몇 년 전에 얼굴 한 번 보고 전화 통화 한두 번 한 게 전부인지라 정작 자신은 잘 생각도 안 나는데 말이다.

'있는 놈이 더하다'고, 좀 산다 싶으면 시어머니 유세가 더하다. 게다가 시댁에 비해 친정이 경제적으로 기울면 마음 단단히 먹어야 한다. 아는 후배 하나는 아버지의 실직과 남동생의 군 입대로 얼마간 가장 노릇을 했다. 결혼 뒤에도 친정 형편이 펴지 않아 여러 가지로 마음고생을 했는데, 이 시어머니는 며느리가 친정으로 돈이나 살림을 퍼다 나르지 않을까 노심초사했던가 보다. 이 시어머니 마음도 참 간사한 것이, 며느리 친정 사정을 알기 전까지만 해도 "어디서 이런 며느릿감을 얻어 왔느냐"며 그렇게 금이야 옥이야 예뻐하더니만, 상견례 이후로 아예 안면몰수하더란다.

어떤 집은 아예 며느리를 식모 취급하기도 한다. 중학교 교장으로 정년퇴임을 하고 교회에 봉사하는 것을 소일로 삼는 매우 '고상한' 시어머니가 있었다. 워낙 있는 집안에 자신도 능력이 있는지라 대저택에 아들 며느리를 불러들여 함께 살았는데, 워낙 밖으로만 나도는 분인지라 별로 얼굴 마주칠 일이 없었다. 그런 데 문제는 아예 며느리를 투명인간 취급하거나 아랫사람 부리듯 한다는 것이었다. 명품으로 휘감고 나가서 교회 친구들에게 밥 사고 선심 쓰는 것이 취미인 사람이 당신 며느리에겐 국물도 없 었다. 심지어는 요구르트 아줌마가 손자가 먹은 요구르트 값을 받으러 왔더니, "애 엄마 없으니 다음에 오라"며 돈 만 원을 안 주고 남의 식구처럼 굴더라는 것이다.

시어머니가 여유 있게 잘살면야 꼭 덕 볼 일은 없더라도 그것 만으로도 감사하고 다행스러운 일이다. 당신이나 아들이나 쥐뿔 도 없으면서 생트집만 잡는 사람에 비하면 그나마 나을 수도 있 다. 그러나 이런 식으로 경제력을 앞세워 사람을 무시하거나 차 별대우하면 정말 견디기 힘들다.

• • 집 안팎에서 통용되는 인간관계의 원칙

그러나 어쩌랴, 어쨌거나 신혼 초에는 납작 엎드릴 수밖에 없 다. 처음부터 기선제압을 한답시고 '못된 년', '가정교육 잘못 받 은 년'으로 포지셔닝하면 아예 영영 사람 취급을 못 받는 수가 있 다. 약한 사람에게는 한없이 강하고 강한 사람에게는 비굴할 만 큼 약해지는 것이 시어머니들이기 때문이다.

자존심은 상하지만, 매사에 분명하고 똑 부러지는 며느리에 게는 대적할 수 없다는 것을 시어머니들은 잘 알고 있다. 얼마 전 에 막을 내린 MBC 시트콤 〈거침없이 하이킥〉의 나문희 여사가

‘싹퉁바가지’ 며느리 박혜미 분에게 끔빽 죽던 모습을 떠올려 보라. 그것이 바로 집 안팎을 막론하고 거부할 수 없는 인간관계의 원칙이다.

이럴 때는 남편을 적절히 이용할 줄 알아야 한다. 하고 싶은 말은 항상 한 박자 뒤에, 남편 입을 통해서 한다. 똑같은 말이라도 며느리 입에서 나온 말과 내 아들 입에서 나온 말은 전혀 다르다. 설령 그 말이 마음에 안 들고 며느리가 시킨 것이 뻔해서 화가 나더라도, 내 아들이 뭐라고 하는데 면전에서 며느리 타박할 강심장 시어머니는 많지 않다. 웬만하면 아들 앞에서 추태를 보이고 싶지 않기 때문이다.

그러나 며느리고 아들이고 아예 안하무인인 시어머니라면 답이 없다. 인간이 안 된 사람을 상대로 싸울 수는 없는 노릇이다. 이때는 최소한의 도리만 지키는 것으로 남편과 합의를 보고, 가급적 마주치지 않는 것이 상책이다.

'내 돈, 남의 돈'은
처음부터 분명히 하라

가난한 집으로 시집을 가면 없어서, 있는 집으로 시집을 가면 또 있어서 그 나름의 고충이 있게 마련이다. 그런데 새 가정을 꾸리면 어떻게든 시댁의 경제 상황과 엮일 수밖에 없는 것이 현실이다. 따라서 처음부터 따질 일은 확실히 짚고 넘어가고, 모른 척하기로 작정한 일은 끝까지 모르쇠로 일관해야 한다. 특히 돈 문제는 상대의 감정을 상하게 하기 쉬운 만큼, 남편과 의논하여 원칙을 세우고 그에 입각해서 입장을 정하는 것이 좋다.

돈은 늘 있어도 탈, 없어도 탈이다. 너무 많거나 너무 없어서 문제가 되는 사람이 있는가 하면 어중간하게 있어서 오히려 탈인 사람도 종종 있다. 내가 아는 한 대학 강사는 친정 부모님이 가진 부동산이나 현금도 만만치 않았고, 자신이 지닌 현금도 제법 되었다. 큰 변동 없이 100억대 재산을 유지하는 집안에서 자란 탓에 돈에 대해서는 별로 걱정해 본 적이 없었다. 그녀는 남편의 뜻에 따라 시골에 있는 시댁 인근에 신혼집을 마련했다.

그런데 남편의 두 형이 제수씨를 영 아니꼬운 눈길로 바라보며 "뭐 얻어먹을 게 있다고 여기까지 내려왔냐"는 얘기를 하곤 한다는 것이다. 자신들의 몫으로 떨어질 전답을 혹시라도 셋째가 노리는 게 아닌가 싶어 안테나를 바짝 세운 것이었다. 그러나 그녀는 순전히 부모님 가까이 살고 싶다는 남편의 뜻에 따라 시골에 터전을 마련한 것뿐이었고, 자신도 여전히 대학에 출강을 하고 있었기에 시댁 재산에는 전혀 관심이 없었다.

게다가 시댁이 어마어마한 땅 부자라도 되는가 하고 물어봤더니 갖고 있는 전답이란 게 다 팔아 봐야 한 3억 될까 말까 하는 수준이었다. 미안하지만, 100억대 자산가의 딸인 자신이 욕심낼 만한 액수가 전혀 아니라는 것이다. 친정이 잘산다고 유세할 마음도 없지만, 시댁 재산에 아무 관심이 없던 그녀는 난데없이 시댁 재산 노리고 시골까지 내려온 사람이 되고 말았다며 어이없어했다.

시댁 재산이야 일찌감치 유산 상속을 해주지 않는 한 부모님

돌아가신 뒤에야 내 것이 되든지 말든지 할 게 아닌가. 그 전에 시부모가 어떻게든 한 자식에게 몰아주려고 마음먹었다면 그도 감정 싸움으로 해결할 수 있는 문제가 아니다. 이때는 그냥 "나는 관심 없다"로 일관하는 것이 좋다. 어차피 법이 정한 테두리가 있기 때문에 어느 한 사람이 독식할 수 없는 것이 부모의 재산이다. 막판에 유산 때문에 시비가 붙으면 법대로 처리하자고 버텨도 늦지 않을 것을 처음부터 부모 재산에 관심 있는 것처럼 보이면 얻는 것도 없이 괜스레 미운털만 박히는 수가 있다.

•• 시어머니가 관리하던 그의 월급통장을 되찾아라

남자들 중에는 어머니에게 월급통장을 맡기고 용돈을 받아서 쓰는 사람들이 있다. 아들에게 생활비를 의존해야 하는 경우가 아니라면 대부분의 어머니들은 아들을 위해 적금을 들거나 계를 부어 목돈을 만들어 주는 것이 보통이다. 자기 혼자 쓰기도 바쁘고 카드 대금 메우기도 바쁜 '결혼 전에는 절대 돈 못 모으는 총각들'에 비하면 너무 알뜰하고 바람직한 종족들이다.

그러나 며느리 입장에서 보자면 썩 달갑지만은 않은 것이, 결혼과 동시에 시어머니가 통장을 내주지 않으면 여간 난처한 일이 아니다. 두 사람의 살림을 꾸려야 하는데 시어머니가 남편의 통장을 쥐고서 "이번 적금 끝날 때까지"라거나 "내년에 곗돈을 타니까" 하며 미루면, 당장 내놓으라고 할 수도 없고 마냥 기다리며 다달이 생활비를 타 쓸 수도 없어 처신이 어려워진다.

이런 문제는 마땅히 결혼 전에 해결해야 한다. 두 사람의 자산과 부채를 털어놓고 얘기하고 결혼비용 계획을 세울 때 신랑에게 확인해서 미리미리 돌려받는 것이 가장 좋다. 결혼하자마자 며느리에게 아들 월급통장을 내놓는 일이 시어머니에게는 쉽지 않기 때문이다.

또 하나, 결혼 전에 든 보험의 수익자가 어머니로 되어 있는지도 확인해야 한다. 여자 입장에서는 배우자로 전환하면 좋을 것 같지만, 계약자 자신으로 해 두는 것이 이후 양도세 등의 세금을 아낄 수 있어 바람직하다. 어차피 불의의 사고가 날 경우, 상속인인 배우자가 수익자가 되기 때문에 아내 입장에서는 전혀 꺼릴 것이 없다. 또 어머니 입장에서도 아들 보험에 아들 자신이 수익자로 되어 있으니 크게 서운할 일도 없고, 뒷날 세금을 면하기 위한 것이라는 명분이 분명하니 거절할 핑계도 없다.

어머니들에겐 서운할 수도 있지만, 일단 결혼을 했으면 아내와 자신의 가정에 충실해야 함을 남편에게도 일찌감치 각인시켜 놓아야 한다.

잘살면 잘사는 대로 못살면 못사는 대로 경제적인 문제는 며느리를 괴롭힌다. 새 가정을 꾸리면 어떻게든 시댁의 경제 상황과 '얽일' 수밖에 없는 것이 현실이다. 그러나 결혼한 지 얼마 안 된 며느리가 돈 문제로 시부모와 부딪치면 좋을 게 없다. 결혼 전에 신랑을 통해 문제의 소지를 정리해 두는 것이 좋다.

경조사, 너무 잘 알아도 탈,
너무 몰라도 탈

신혼 초기에 제사나 생일, 결혼식 등의 경조사가 겹치면 여러 가지로 마음고생을 하게 된다. 돈은 돈대로 깨지고 마음은 마음대로 분주하니, 집안 분위기에 따라 어떻게 몸을 움직여야 할지 몰라 겉돌기 십상이다. 가만히 있으면 중간이나 갈 것을, 무슨 일이든 잘해 보고 싶은 마음에 의욕이 앞서면 자칫 빈축을 살 수도 있으니 눈치와 요령을 발휘해야 한다.

그중에서도 제사는 그야말로 십인십색이다. '다 자랑해도 제사 자랑은 안 하는 법'이라는 말이 생긴 것도 바로 이 때문일 것이다. 또한 유교적 전통이 뿌리 깊게 남아 있는 우리나라에서 제사가 사라지려면 시간이 흘러도 한참 흘러야 할 것이다.

전통적인 격식에 따라 엄격하게 제사를 지내는 집안이 아니라면 제사 때마다 번번이 말이 나오게 마련이다. 시집가서 새로운 문화에 적응된 고모들이 친정 제사에 와서 '감 놔라 배 놔라' 하는 경우도 흔하고, 종교에 따라 의견 차이가 생기기도 한다. 또 새로 들어온 며느리에게는 시댁의 제사 문화가 낯설 수밖에 없다. 제사란 것이 본디 지역별로, 집안별로, 또 올리는 사람에 따라 가지각색이기 때문이다.

상에 올라가는 음식의 종류부터 음식을 만들고 차리는 방식, 제사를 올리는 의례까지 하나하나가 전부 다를 수 있다. 이때는 아무리 법도 있는 집안에서 자랐다고 하더라도 입 다물고 시어른들 하시는 대로 따르는 것이 좋다. '로마에 가면 로마법을 따라야 한다'는 원칙이 이때처럼 정확히 들어맞는 경우도 없다. 내가 아는 방법이 성균관에서 제시하는 방법이라고 해도 그저 시어머니 심부름이나 하고 조용히 기다렸다 설거지나 하는 쪽이 맘도 편하고 몸도 편하다.

시어머니가 안 계실 경우, 며느리 입장은 좀더 어려워진다. 잘난 척하고 혼자서 하기도 그렇고, 시시콜콜 다른 가족에게 물어 가면서 할 수도 없는 노릇이다. 손윗동서가 있으면 동서가 시어머니려니 하고 따르는 것이 좋다. 그는 이미 시행착오를 통해 그 집안의 법도를 익혔을 것이고 나름대로 원칙을 세우기도 했을 것이다. 그저 "시켜만 주세요" 하며 동서의 일을 나눠서 하고, 모르는 것은 묻되 노동과 제수 비용에 대한 부담에서 동서가 억울한 마음이 들지 않도록 배려해야 한다. 그 과정에서 마음에 안 드는 부분이 있어도 어쩔 수 없다. 일단은 참는 것이 최고다. 제사는 책임 맡고 준비하는 사람 마음대로 진행되게 마련이다.

시어머니도 동서도 없는 경우도 있다. 이때는 모든 것을 남편과 의논해야 한다. 시아버지와 남편이 제사 음식을 준비할 때는 어떻게 했는지 물어봐서 최대한 비슷하게 준비하고, 새사람이 들어온 인사로 새로운 음식 몇 가지 더 준비하면 금상첨화다. 정히 자신이 없으면 한두 가지는 슬쩍 사 와도 되고, 시간이 안 되면 음식을 맞추는 것도 고려해 볼 수 있다.

만약 직접 제사를 안 지내고 큰댁으로 가는 경우라면 조금 일찍 가서 상 차리는 것이라도 돕는 것이 좋고, 제수 비용에 보태시라고 얼마간 봉투를 마련해서 드리면 좋다. 그러나 이런 결정은 혼자 해서는 안 된다. 시어른들께 여쭤 보고 결례가 안 되는 범위 안에서 움직이도록 한다.

•• 너무 잘하려고 하는 것이 오히려 흠이 된다

어떤 경조사든 너무 무리해서 잘하려고 하지 말고 적당한 수준에서, 전에 하던 대로 따라가는 선에서 만족하는 것이 좋다.

나는 신혼 초에 시부모님 생신에 지나치게 투자했다가 두고 두고 곤란을 겪었다. 두 분 선물에, 고급 식당에서의 외식에, 두둑한 용돈까지, 마음 가는 대로 인심 팍팍 썼더니 그 여파가 몇 달을 갔다.

결혼을 하고 나면 생신, 어버이날, 명절, 제사, 결혼식, 조문에 이르기까지, 결혼 전에는 대수롭지 않게 넘어가던 경조사나 기념일도 절대 그냥 지나칠 수 없게 된다. 일 년이면 10번 가까운 집안 행사를 치러야 하고, 친정 일도 전보다 더 꼼꼼하게 챙겨야 부모님을 서운하게 하지 않는다. 이때마다 마음을 표현한다고 최대한 퍼부으면 분명 오래지 않아 후회하게 된다. 모든 비용은 예산 범위 내에서, 분수껏 집행해야 한다. 그러자면 일찌감치 집안 경조사와 기념일 등을 체크해 실수 없이 예산을 세워야 한다.

가만히 있으면 중간이나 갈 것을, 무슨 일이든 잘해 보고 싶은 마음에 의욕이 앞서다 보면 자칫 빈축을 살 수 있다. 특히 경조사를 치를 때는 분위기 살펴 가며 최소한의 도리만 하면 된다. 돈은 돈대로 쓰고, 나설 데 안 나설 데 오지랖 넓게 기웃거린다고 욕만 먹을 수 있음을 잊지 마시길!

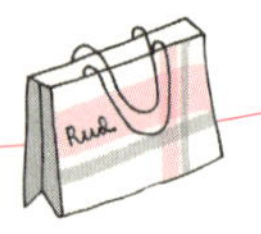

혼인신고, 굳이
서두를 필요 없다?

우리 부부는 결혼 직후에 함께 유학을 떠나느라 혼인신고를 늦게 했다. 결혼한 사람은 준비해야 할 서류가 더 많아 복잡하니 혼인신고를 좀 미루는 게 어떻겠냐는 유학원의 제안 때문이었다. 그러나 혼인신고 자체가 우리 두 사람의 관계나 결혼생활에 영향을 미치지는 않은 것 같다. 우리에게 혼인신고란 그저 상황에 따라 바로 할 수도 있고, 좀 미룰 수도 있는 형식적인 행사였다.

최근에는 높은 이혼율을 감안해 혼인신고를 천천히 하는 커플이 많아졌다. 혹시 모르니 성급하게 혼인신고까지 할 필요가 있겠느냐는 생각에서다. 10여 년 전에는 결혼식 마치고 신혼여행

떠나기 전에 공항에 있는 구청 민원봉사실에서 혼인신고를 하고 가자는 캠페인이 펼쳐지기도 했었다. 그러나 지금은 아이가 생기는 시점이나 재산상 부부로서의 권리를 행사해야 하는 순간에 혼인신고를 하겠다는 부부가 의외로 많다.

사실 혼인신고 자체는 결혼생활에 큰 영향을 미치지 못한다. 마음이야 법적으로 떡하니 그의 아내로 자리 잡고 싶지만, 결혼이 주는 무게감은 혼인신고보다는 결혼식에 있다. 수많은 하객을 증인으로 모시고 평생을 약속하는 절차가 사실은 더 중요한 것이다. 혼인신고 안 했다고 이미 치른 결혼식이 무효가 되는 것도 아니고, 세상 사람들의 눈을 가릴 수 있는 것도 아니니 말이다.

•• 혼인신고 안 하면 소유권 없고 점유권뿐?

얼마 전, 인기리에 방송된 SBS 드라마 〈내 남자의 여자〉를 간통죄의 시각에서 분석한 대검찰청 부공보관의 자료가 발표된 적이 있다. 두 여주인공인 지수배종옥 분와 화영김희애 분이 법적으로 각각 어떤 권리를 갖는지 다룬 내용이었는데, 법률상의 아내인 지수가 정부인 화영보다 당연히 훨씬 많은 법적 권리를 누리게 된다. "준표김상중 분, 지수, 화영의 관계를 물건의 권리관계에 비유하면 혼인신고가 된 준표의 소유권은 지수에게, 점유권은 화영에게 있는 셈"이라고 재미있게 표현하고 있다.

혼인신고를 하지 않으면 아내로서 요구할 수 있는 부양이나 자녀 양육에 대한 협조를 요구할 수 없다. 특히 혼인신고를 하지 않은 상태에서 아이가 태어나면 정상적인 친생자로 등재할 수 없으며, 만에 하나라도 혼인신고를 하지 않은 상태에서 남편이 사망하면 재산 상속에 대한 권리도 주장할 수 없게 된다. 물론 주변에서 모두 알게 결혼식을 올리고 살았던 부부나 장기간 함께 기거한 동거 커플도 사실혼 관계는 인정받을 수 있다. 그러나 엄연한 법률적인 부부관계와는 차이가 있을 수밖에 없다.

혼인신고가 급할 것은 없지만, 이혼을 염두에 두고 "괜히 호적 더럽힐 필요 있겠느냐"는 구태의연한 사고에 사로잡혀 차일피일 미루는 일만은 없어야겠다. 특히 호적이 사라지면서 개인의 혼인관계는 혼인관계증명서에만 나타나고, 가족관계증명서에는 부모와 배우자, 자녀의 인적사항만을 담기 때문에 "호적 더럽힌다"는 말은 이제 역사 속으로 사라지게 되었다.

Briefing Chart

이혼율이 높아진다고 해서 혼인신고를 미루는 사람들이 종종 있다. 그러나 혼인신고 자체는 결혼생활에 큰 영향을 미치지 못한다. 결혼이 주는 무게감은 혼인신고보다는 결혼식에 있기 때문이다. 수많은 가족, 친지들을 증인으로 모시고 평생을 약속했는데, 혼인신고 안 하는 게 무슨 의미가 있겠는가.

그는 이제 시어머니의
아들이 아닌, 내 남편

 오시면 작은방에 남편 잠자리를 펴 주고 엄마랑 안방 침대에 누워 그동안 못 다한 얘기를 나누며 즐거운 밤을 보내야 할까? 아니, 틀렸다. 작은방에는 엄마 잠자리를 펴 드리고 부부는 여전히 안방에서 자는 게 맞다. 정히 엄마를 작은방으로 모시기 죄송스럽다면 엄마에게 안방을 내드리고 부부가 함께 작은방으로 가야 한다.

오래 전에 들은 얘기지만, 전혀 생각지 못했던 이야기였던지라 기억에서 지워지지 않는다. 가정 예절에 대해 전문가라 할 만한 분의 강연회에서 들은 이야기니 예법에 맞는 말일 것이다. 부부는 어떤 일이 있어도 함께 자는 것이 맞고, 이제 나는 엄마의 딸이라기보다 그의 아내이며, 그도 시어머니의 아들이 아닌 내 남편이라는 것이다.

•• 며느리는 언제까지나 아들의 여자?

그러나 신혼 초에는 아내나 남편, 시어머니 모두 이 사실을 객관적으로 받아들이지 못한다. 아내 입장에서 보면 늘 '너랑 너희 엄마'가 되고 남편 입장에서 보면 '애가 우리 엄마를'이 된다. 또 시어머니 입장에서는 당연히 '쟤가 우리 아들을'이 된다. 그러니 서운한 감정이 쌓이고, 시간이 가면서 악감정이 늘어나는 것이다.

시어머니가 며느리를 '아들의 여자'로 인식하게 되면 갈등이 생길 수밖에 없다. '이제 아들은 제 아내가 생겼으니 내가 뒤치다꺼리는 그만해도 되겠구나' 하고 일선에서 물러서는 것을 즐거워해야 하는데, '쟤가 들어와서 우리 아들은 정신을 빼앗기고, 나는 내 자리를 잃었다'고 생각하는 것이다.

당신의 아들이 이제는 다른 여자의 남편이 되었음을 시어머니가 인식하게 하려면 부부간의 태도가 매우 중요하다. 그렇다고 해서 남편 입에 "집사람이……"를 달아 주라는 것은 아니다. 이것은 오히려 아들이 며느리 때문에 판단력을 상실했다고 느끼게 할 뿐이다. 아들은 자신이 이미 성인이고 한 집안의 가장이며, 이제 자잘한 일쯤은 부모님 도움 없이 둘이서 해결할 수 있고, 또 그래야 함을 느끼게 해 드려야 한다.

이런 말과 행동은 마음가짐에서 나온다. 마음속에 책임감이 자리 잡고 인생에 대한 장기적인 설계가 만들어지면 자연스레 온몸에서 우러나오게 된다. 나이와 경험은 부모님보다 적지만 부모님과 전혀 다를 바 없이 하나의 가정을 이룬 성인임을 보여주려면, 가장 먼저 내가 한 사람의 아내이며 한 가정의 주부임을 마음에 새겨야 한다. 이렇게 행동과 태도를 통해 자연스럽게 드러나는 의지야말로 그가 여전히 '시어머니의' 아들이지만, '시어머니만의' 아들이 아님을 깨닫게 하는 계기가 될 것이다.

Briefing Chart

신혼기의 중요한 숙제 중 하나가 시어머니와 남편에게 두 사람의 관계가 이전과는 달라졌음을 인식시키는 것이다. 당신의 아들이 이제는 다른 여자의 남편이 되었음을 시어머니가 깨닫게 해야 한다. 이때는 두 사람의 어른스러운 태도가 중요하다. 새로운 가정에 대한 책임감과 인생에 대한 장기적인 설계가 바로 그 열쇠가 될 것이다.

왜 하필 이때
손을 다쳐서 말이죠.
어머님~부침에 기름이
너무 많아 느끼해요~
싸가지 하고는
엄마, 또 내가 할거 없어?
기름에 데인 상처는
흉터가 남을텐데...
oil

인생에 대한 마스터플랜을 세워라

이제 인생 제2막에 대한 구체적인 계획을 수립해야 한다.

엄마 아빠 밑에서 살아온 30년이 제1막이었다면, 남편과 함께할 50년은 제2막이다.

여기에는 다채로운 에피소드와 갈등, 클라이맥스, 반전, 파국 등 모든 요소가 마련되어 있다.

이제 더 구체적이고 실천적인 마스터플랜과 행동강령들이 마련되어야 한다.

두 사람이 만나 새롭게 만들어 가는 인생 연극을 알차게 설계해 보자.

내 인생 최대의
프로젝트에 돌입하다

결혼을 앞둔 후배들에게 내가 곧잘 해주는 조언이 하나 있다. "결혼을 하나의 프로젝트라고 생각하라"는 것이다. 이것은 내가 결혼할 때 어느 선배에게서 들은 조언인데, 결혼식을 준비할 때는 물론, 10년이 다 되어 가는 지금까지도 많은 힘이 되는 말이다. 자기 일이 있는 여자들은 밖에서 맡은 프로젝트는 어떤 일이 있어도 완수하려고 혼신의 노력을 기울인다. 그러나 정작 자기 인생에 가장 중요한 결혼이라는 프로젝트에서는 너무 아마추어 같은 모습을 드러내곤 한다.

"생전 처음 하는 일이다 보니⋯⋯" 하는 어설픈 농담으로 얼버무리기엔 결혼은 너무 큰 프로젝트다. 결혼을 결정하고 결혼식과 신혼살림을 준비하는 몇 달은 인생을 완전히 뒤바꿀 수 있을 만큼 중대한 시기다. 이 프로젝트를 성공적으로 완수하고 멋지게 마무리하려면 정신 똑바로 차려야 한다.

결혼을 하나의 프로젝트라고 생각하면 결혼식이나 결혼 준비도 회사에서 준비하는 세미나나 연수 프로그램과 다를 바가 없다. 철두철미하게 일정을 점검하고, 업무 순서를 잡아 일의 경중을 정하고, 예산에 맞춰 사람을 기용해서 예정대로 행사를 치러 낸다. 참석한 모든 사람들이 즐겁고 만족하는 행사로 치르려고 준비에 만전을 기한다. 또 행사를 마무리한 뒤에는 피드백을 통해 성과를 점검하고 향후 발전 방향을 모색한다.

이와 마찬가지로 결혼도 날짜를 잡으면 그날을 기준으로 날짜를 역산해 가며 단계별로 해야 할 일을 정리한다. 일단 날짜가 정해지면 미리 예식 장소를 결정하고 그에 따라 웨딩드레스와 메이크업, 사진촬영 등을 선정한다. 또 살림살이를 구입해서 배달시키려면 집부터 알아봐야 한다. 집이 마련되면 도배와 청소를 하고 덩치 큰 가구를 비롯해 가전, 주방용품 등의 순서로 살림살이를 배달시킨다. 그 사이에 예단이니 신혼여행이니 필요한 모든 사항들을 전후 상황 살펴 가며 준비해야 한다. 주변에 인사를 드리고 초대장을 돌리는 것도 때를 맞춰야 하객들에게 불편을 끼치지 않는다. 이렇듯 결혼은 두 사람의 미래와 양가의 입장, 하객들의 편의까지 고려해서 기획해야 할 거대한 프로젝트다.

그런데 결혼이라는 일 자체가 개인의 인생에서 워낙 큰 행사인 데다 양가 어른들께도 중대한 집안 경사이기 때문에 다른 어떤 일보다 긴장을 많이 할 수밖에 없다. 또 준비과정에서 감정적으로 여러 가지 문제가 얽히기 때문에 남의 일처럼 평정을 유지하기가 그리 쉽지 않다. 신혼집이나 혼수 마련 때문에 신랑과 겪는 마찰, 예단 때문에 시댁과 겪는 눈치전쟁, 친정을 떠나면서 겪는 감정적 갈등이 만만치 않다.

그러나 큰일일수록 담담하게 치를 줄 알아야 한다. 결혼만큼 큰일도 없는 것 같지만, 막상 결혼을 하고 나면 그 뒤에는 훨씬 더 큰일이 줄줄이 생겨나는 것이 현실이기 때문이다.

결혼은 그나마 임의로 날짜를 잡아 오랫동안 준비를 할 수 있는, 즐거운 행사이기 때문에 다른 일들에 비해 스트레스가 덜하다. 무엇보다 좋은 일이고, 사랑하는 사람과의 미래를 밝히는 일이니만큼 빈틈없이 준비해서 내 인생 최대의 성공을 거머쥐는 프로젝트로 만들어 볼 일이다.

Briefing Chart

결혼은 인생에서 가장 중요한 프로젝트다. 이 프로젝트를 성공적으로 완수하고 멋진 결과를 도출해 내기 위해서는 정신 똑바로 차려야 한다. 그러나 다른 바깥일처럼 평정을 유지하면서 준비하기란 그리 쉬운 일이 아니다. 결혼은 사람이 살면서 겪는 큰일 중 하나에 불과하다는 생각으로 침착하고 담담하게 치러 내야 실수가 없다.

결혼은 정말
미친 짓일 수도 있다

〈결혼은 미친 짓이다〉라는 영화 제목처럼, 결혼은 정말 미친 짓일까? 실은 나도 한때 그런 생각을 한 적이 있다. 그저 늘 같이 있고 싶었던 것뿐인데, 결혼 초기에 겪어야 하는 갈등이 만만치 않았던 것이다. 결혼생활 자체가 주는 중압감이 너무 커서 결혼이란 것 자체가 내게 맞지 않는 제도라는 생각을 하곤 했다. 막상 시부모와 한 집에 산다는 것도 쉬운 일이 아니었다. 일하는 데도 왠지 방해만 되는 것 같고, 야근을 할 때마다 왠지 잘못하는 것 같은 느낌이 들어 괴로웠다. 돌이켜 보면 결혼 자체의 문제라기보다는 결혼 초 시댁의 낯선 문화에 적응하는 데 시간이 필요했던 것 같다.

어쨌거나 결혼은 평생 살면서 '기쁠 때나 슬플 때나 괴로울 때나 즐거울 때나' 함께해야 한다. 사실 기쁠 때나 즐거울 때는 함께하기가 그리 어렵지 않다. 그러나 슬픈 일이나 괴로운 일이 있을 때 그 일을 내 일처럼 함께 나누기란 쉬운 일이 아니다. 또 상대방이 내게 만족스러울 만큼 잘해 주리란 보장도 없다.

심지어 괴롭고 외로울 때는 가까이 있는 사람이 가장 큰 적이 되기도 한다. 또 그 사람 때문에 괴로울 때는 정말이지 하소연할 곳도 없다. 둘 중 하나가 죽거나 헤어져서 영영 눈에 안 띄어야 살 수 있을 것처럼 상대에게 실망하고 고통스러운 일도 있다. 배우자의 외도, 사업의 실패, 길어지는 실직 상태, 도무지 제어가 안 되는 시부모, 받아들이기 어려운 성적 취향, 속속 드러나는 그간의 거짓말까지, 결혼에서 발생할 수 있는 문제는 끝도 없다. 그중에는 누가 봐도 당연히 이혼하는 게 나을 것 같은 상황도 있다. 치유가 불가능한 상처라면 도려낼 수밖에 없다. 그러나 시간이 지나고 서로 조금씩 양보해서 해결할 수 있는 문제라면 책임감을 갖고 함께 해결해야 한다.

나도 위기가 있었다. 어떤 사람들은 차라리 헤어지는 게 낫지 않겠냐며 내 편을 들어주기도 했다. 그러나 문제가 생길 수도 있다는 사실은 결혼하기 훨씬 전부터 충분히 알고 있었다. 사람 사는 일이 원래 그런 것이니, 세상의 모든 불행과 난관이 나만 비켜

갈 것이라고 기대하지도 않았다. 무엇보다도 이 결혼은 다른 누구의 강요도 아닌, 내 자신의 선택이 아니었던가.

상대에게서 단점이나 문제점이 드러난다고 해서 상대만 탓해서는 안 된다. 어차피 내가 선택한 사람이고 나는 내 선택에 책임을 져야 한다. 하다 하다 안 되면 모든 걸 버려서라도 내 자신을 지켜야겠지만, 책임질 수 있는 선에서는 당연히, 그리고 기꺼이 의무를 다해야 한다는 것이 내 생각이다. 그것이야말로 그에게는 물론, 나와 내 사랑에 대한 예의다.

결혼은 미친 짓일 수도 있다. 사람의 한계를 극복하며 자신의 선택을 책임져야 한다는 것, 그것은 일종의 고행이다. 그러나 '하늘은 사람에게 감당할 수 있을 만큼의 짐만 지운다' 고 하지 않던가. 결혼이 주는 인생의 무게를 제대로 느끼고 책임감 있게 감당하다 보면 그 과정에서 어느덧 성숙해진 자신을 발견하게 될 것이다.

결혼은 평생을 살면서 지켜야 하는 약속이다. 그러나 '기쁠 때나 슬플 때나 괴로울 때나 즐거울 때나' 함께하기란 그리 쉬운 일이 아니다. 더구나 괴롭고 외로울 때는 가까이 있는 사람이 가장 큰 적이 되기도 한다. 자신의 사랑과 선택에 의연하게 책임질 줄 알아야 인생의 참된 가치를 배울 수 있다.

남자와 여자는
태생부터 다른 종족

결혼한 지 15년이 넘은 우리 큰언니네 부부는 여태껏 단 한 번도, 부부 싸움은커녕 언성을 높여 본 적도 없다고 한다. 옆에서 보기에도 그럴 것 같지만, 실로 만만치 않은 시간을 참 잘도 보냈다 싶어 존경스러울 정도다. 이들에게는 나름대로 비법이 있을 텐데, 두 사람을 가만히 관찰해 보면 상대의 차이점을 인정하며 살아가고 있음을 발견할 수 있다.

"그래? 난 몰랐네! 알았어, 내가 다시 한 번 생각해 볼게."

형부는 항상 이런 식으로 얘기한다.

형부는 여자는 당연히 아껴 줘야 한다고 생각하고, 언니는 남편은 당연히 존중해야 한다고 생각한다. 참으로 잘 만났다. 언니는 형부가 일하느라 고생한다고 생각하고, 형부는 언니가 세 명이나 되는 아이들 치다꺼리에 고생한다고 생각한다. 남자와 여자는 태생부터가 다른 종족이니 서로 다를 수밖에 없고, 각자 소임에 걸맞은 역할이 따로 있다고 생각하는 전형적인 성격의 장남과 장녀가 만났으니 15년째 '짝짝쿵'인 것이다.

·· 여자는 과정지향적이고 남자는 목적지향적이다

어쨌거나 언니 부부의 행복의 비결은 바로 남자와 여자의 차이점을 당연하게 받아들인다는 데 있었다. 남자와 여자는 본질적으로 말하는 습관이 다르고, 문제에 접근하는 방식이 다르다. 어려움에 부딪쳤을 때 해결하기 위해 밟는 절차도 서로 다르다. 확실히 여자들은 과정지향적이고 남자들은 목적지향적이다. 남자들은 문제를 해결하는 데 중점을 두고, 여자들은 함께 헤쳐 나가는 데 의미가 있다고 생각한다. 그러다 보니 여자들이 기대하는 곳에서 남자들은 종종 엉뚱한 사고를 치는 것이다. '화성에서 온 남자'와 '금성에서 온 여자'가 한데 어울려 사는 것처럼 서로 다른 언어로 이야기를 하고 있으니 상대를 이해하는 데 한계가 있을 수밖에 없다.

·· 남자와 여자는 다르다는 것을 인정하라

결혼식만 해도 그렇다. 남자들은 어떻게 하면 이 결혼식을 별 문제 없이 잘 치를지 생각하지만, 여자들은 '드레스는 예쁜가?', '사람들의 반응은 또 어떤가?'에 더 신경을 쓴다. 남자들은 보통 신혼집 인테리어가 잘 끝났으니 안심이라고 생각하고 여자들은 "벽지 바를 때 아저씨들이 너무 기분 나쁘게 굴었다"고 투덜댄다. "기왕 돈 받고 하는 일, 좀더 상냥하게 해주면 어디 덧나냐"고 그 집에서 이사를 나갈 때까지 곱씹곤 한다.

여자의 입장에서 보면 '남자가 일찌감치 와서 도배하는 것 좀 살피면서 분위기 잡았으면 한결 수월했을 텐데' 싶고, 남자의 입장에서 보면 '일하다 보면 별일 다 있지만, 별 사고 없이 끝났으면 된 거 아닌가' 싶은 것이다. 그러면서 상대방의 입장을 이해하려고 하지는 않는다. '내겐 내 스타일이 있고, 넌 네 스타일대로 하겠지' 하며 마음에 안 맞는 일은 외면하고 만다.

그러나 이런 식의 마찰은 너와 나 각자의 문제라기보다는 남자와 여자의 사고방식의 차이라고 생각하면 한결 이해하기 쉽다. '남자와 여자는 원래부터 다르다', '남자들은 원래 저런 식으로 얘기하는 습성이 있으니 딱히 저 사람에게 화를 낼 일이 아니다', '남자들은 대부분 속마음을 잘 드러내지 않는다'와 같이 생각하면 상대에게 베푸는 아량의 크기가 더욱 커질 것이다.

Briefing Chart

남자와 여자는 태생부터 다른 종족이다. 서로 다른 언어를 사용하며 서로 다른 감각기관으로 세상과 소통한다. 그러다 보니 여자들이 기대하는 곳에서 남자들이 종종 엉뚱한 사고를 친다. 아량을 갖고 이 낯선 종족을 대해 줘라. 세상을 보는 눈마저 달라질 것이다.

평생 절대
양보할 수 없는 것들

나는 4남매 중 막내로, 딸로는 셋째 딸이다. 맨 위로 오빠가 있고 그 밑으로 줄줄이 딸이다. 우리 세 자매가 결혼할 때 엄마에게 받은 주문은 모두 똑같이 단 한 가지였다.

"여자라서 무시당하는 일이 생기면 절대 참지 마라."

엄마는 우리가 딸이라서 아들보다 못하게 키운 것도 없고, 딸 셋 모두 여자로 키운 게 아니라 한 명의 사람으로 키웠을 뿐이라고 단호하게 말씀하셨다. 단지 여자라는 이유만으로 무시당하는 일이 생기면 언제든지 엄마에게 돌아와도 좋다고, 좀 위험한 말까지 하셨더랬다.

그래서인지 나는 남편이 농담으로라도 "어디서 여자가……"

하는 식의 얘기를 꺼내면 불같이 화가 치민다. 어떤 일이든 '여자이기 때문에'라는 이유는 내게 통하지 않는다. 난 이미 '우리 엄마 딸'로 철저하게 교육되어 있는 것이다.

•• 상대에 대한 인격적 존중이 기본이다

지난 설에 가족이 모였을 때 다시 이 얘기가 나왔다. 세 사위가 둘러앉은 자리에서 엄마는 다시 한 번 공표했다.

"음, 혹시라도 내 딸들이 양에 안 차면 다들 반납하게. 내 딸들이 여자라서 못하는 일이 뭐가 있나."

농담 반 진담 반이었지만, 엄마의 생각에는 한 치의 흔들림도 없었다. 딸에게 이렇게 든든한 아군이 또 어디 있을까.

부부란 마땅히 서로 이해하고 양보하고 도우며 살아야 하지만, 한쪽이 어느 한쪽을 인격적으로 무시한다면 절대 회복할 수 없다는 게 엄마의 생각이다. 우리들처럼 대학 교육을 받은 것도 아니고 의식화 교육을 받은 것도 아닌 엄마가 어쩜 그렇게 여권 사상이 투철하신지 알다가도 모를 일이다.

어쨌거나 그 덕에 우리 집 딸들은 모두 그리 잘난 것도 없지만, 하나같이 남편들에게 큰소리치고 사랑받으며 살고 있다.

•• 나만의 가치는 내가 지키겠다는 신념

사람은 누구나 인생에서 절대 양보할 수 없는 것이 있다. 특히 결혼생활을 하다 보면 부부라는 막역한 관계가 만들어내는 결례가 무수히 많다. 너무 편하고 가까운 사이다 보니 상대를 내 스타일대로 이끌어 오려는 경향이 생기는 것이다. 그러나 사람에게는 누구나 넘치면 넘치는 대로, 부족하면 부족한 대로 지키고 싶은 자기만의 세계가 있다. 경제적으로 무시당하는 걸 끔찍이 싫어하는 사람도 있고, 학력 때문에 차별 당하는 걸 절대 못 견디는 사람도 있다. 또 어떤 사람은 다른 건 다 포기해도 자기 일만은 절대 포기할 수 없다고 얘기하고, 어머니와 함께 사는 것만은 절대 양보할 수 없다는 효자들도 있다. 그것이 무엇이든, 절대 양보할 수 없는 것이 있다면 결혼 전부터, 사귀기 시작할 때부터 상대방에게 분명하게 얘기해 두어야 한다. 내가 지켜 온 절대적인 가치가 상대방의 가치와 배치될 수도 있기 때문이다.

또 절대 양보할 수 없는 소중한 가치라면 어떤 난관이 있어도 지키겠다는 신념을 지녀야 한다. 자신에겐 정말 소중한 것이라고 했다가 어느 순간 어설프게 양보해 버리면 그 뒷감당은 결국 자기 몫으로 남는다. 상대가 자신을 지켜 주지 않는다고 탓할 게 아니라 스스로 소신 있게 지킬 줄 알아야 한다.

Briefing Chart

결혼생활을 하다 보면 부부라는 막역한 관계가 만들어내는 결례가 무수히 많다. 그러나 가까운 사이일수록 지켜야 할 선이 있고, 필요한 거리가 있다. 사소한 실수로도 큰 상처를 입힐 수 있는 것이 부부관계라는 것을 기억하고 상대방이 절대 양보할 수 없는 것은 무엇인지 분명하게 알아채야 한다.

이기적인 사람으로
낙인찍히기

결혼하자마자 너무 착한 아내, 착한 며느리로 인식되면 나중에 피곤한 일이 한두 가지가 아니다. '착한 사람'이란 '항상 양보하고 희생하는 사람'과 동의어로 사용되기 때문이다. 그런데 참 우습게도 이 '착하다'는 사실은 금세 다른 사람들에게 면역이 되어 버린다. 날이면 날마다 양보하고 희생하던 사람이 어쩌다 하루쯤 이기적으로 굴거나 게으름을 피우면 오히려 화를 내고 지레 실망하는 것이 사람들이다.

그러나 결혼생활에서 끝없이 양보하고 희생하는 착한 여자로 살다 보면 오래지 않아 지치고 만다. 당신이 테레사 수녀가 아닌 이상, 남에게 끊임없이 주고 베풀면서 살 수는 없기 때문이다.

•• **며느리는 돈 받고 일하는 도우미가 아니다**

언젠가 〈솔로몬의 선택〉이란 TV 프로그램을 보니, 몸도 약한 맏며느리가 명절 때마다 혼자서 음식 준비를 도맡아 하다 쓰러져서 응급실에 실려 가게 되었다. 시어머니와 시누이는 의사인 둘째 며느리와 함께 오순도순 노느라 명절 때마다 모든 차례 음식을 맏며느리에게만 맡겼던 것이다.

그런데 적반하장도 유분수지, 오히려 화를 내는 쪽은 시어머니와 시누이였다. 특히 시어머니는 "젊은 애가 몸이 약해서 쓸데가 없다"느니, "어느 집 며느리가 그 정도도 안 하느냐"느니 역정을 내며 빈정거렸다. 또 시누이는 괜히 일하기 싫어서 꾀병 부리고 누워 있는 게 아닌가 하고 염탐하는 듯한 눈길로 쳐다보기까지 했다.

물론 드라마로 구성한 내용이라 다소 과장된 부분도 있겠지만, 이런 경우는 우리 주변에서도 흔히 볼 수 있다. 며느리를 하인 부리듯 써먹고 병이 나면 오히려 핀잔을 일삼으며 "옛날 같으면 칠거지악" 운운하는 시어머니들 얘기를 듣고 있자면 버럭 화가 치밀곤 한다.

•• **너무 잘하려다 오히려 역반응에 물린다**

내가 아는 어느 집 며느리는 시부모에게 그렇게 잘할 수가 없었다. 시어머니도 며느리가 착한 것은 인정했다. 그런데 며느리가 대학원에 진학하려고 준비하던 차에 아들이 직장을 그만두게 되었다. 경제적인 긴장감이 갑자기 높아지자 이 집 며느리는 대학원 진학을 미루기로 했다. 그랬더니 시어머니가 "계모임에서 금강산 여행을 가기로 했는데, 마침 네가 대학원 진학을 미루기로 했다니 다행이다"라고 하더라는 것이다. 이 며느리가 하도 당황스럽고 어이가 없어 "아들이 직장을 그만뒀으니 다시 취직할 때까지는 긴축재정을 해야 하지 않겠느냐"고 했더니 이 시어머니 왈, "여태껏 집에서 빈둥거려도 착한 거 하나 보고 참아 줬더니만, 이제야 본색을 드러내는구나" 하더란다.

주변 사람들은 모두 시어머니가 노망이 났다며 손가락질을 했다. 그러나 며느리가 평소 너무 있는 대로 퍼주다 보니 시어머니가 잘못 길들여졌다는 평들도 적지 않았다. 항상 참고 양보하는 쪽이 나중에는 오히려 욕을 먹게 될 수도 있다는 얘기다. 세상살이란 게 언제까지나 배려하고 양보만 하며 살 수는 없다. 처음부터 너무 잘하려 하지 말고, 내가 힘들거나 지치지 않는 선에서 적당히 하는 편이 장기적으로는 더 유리하다.

• • '못된 년'들이 잘사는 불공평한 인생

한 발 더 나가서 결혼 초기에 아예 이기적인 사람으로 낙인찍히면 결혼생활이 아주 편해진다. 처음에는 좀 욕을 먹겠지만, 나중에는 조금만 잘해도 칭찬받는 사람이 될 수 있다. 우리가 '불공평한 인생'이라고 한탄하는 일 중 하나가 한결같이 "못된 년!"이라고 손가락질 받던 여자들이 의외로 자기 생활 똘똘하게 찾아가며 잘 사는 경우다. 주위를 둘러보면 이런 경우를 어렵지 않게 찾아볼 수 있다.

모든 관계를 계산적으로 생각할 수는 없지만 천성에도 없는 착한 아내, 착한 며느리가 되기 위해 너무 애쓰지 말라는 얘기다. 그저 마음에서 우러나오는 만큼, 내가 크게 힘들이지 않고 할 수 있는 만큼만 하면 된다.

잘하고 싶은 마음에, 착하다는 칭찬에 중독이 되어 힘든 것을 참아 가며 퍼주다 보면 마음속에 불만이 쌓여 오히려 진심으로 상대를 존중하는 마음이 없어져 버린다. 이럴 때 사람들은 오히려 "처음에는 온갖 아양을 떨더니 상황 좀 안 좋아졌다고 안면 싹 바꾸고 냉정하게 군다"고 비난한다. 이러고 나면 먼저 준 것마저 가치가 사라져 버리고 만다.

결과적으로 나중에 잘했니, 잘 못했니를 따지기 십상인 이런 관계에서는 어설픈 최선보다는 차라리 적당한 선에서 일관성 있는 태도를 유지하는 편이 한결 좋다는 것을 기억하기 바란다.

Briefing Chart

끝없이 양보하고 희생하는 착한 사람으로 살다 보면 오래지 않아 지치고 만다. 특히 가족관계처럼 친밀한 사이에서는 어느 한쪽의 일방적인 희생으로 관계가 유지되는 경우가 많다. 그러나 결혼생활에서는 어설프게 착한 쪽을 자처하지 말고 적당히 이기적으로 사는 것이 훨씬 편하고 유익하다.

아깝지만 포기해야 할
내 사생활

결혼생활은 모든 것을 부부가 함께하는 생활이다. 그런 만큼 양보해야 할 것들이 많다. 결혼 전에 가지고 있던 습관이나 취미 중에도 상대가 유난히 싫어하는 것이 있다면 포기해야 하고, 추종하던 남자 후배들은 결혼 전에 말끔하게 정리해서 오해의 소지를 없애야 한다.

특히 결혼 후에는 혼자만의 공간이나 혼자만의 시간을 갖기가 무척 힘들다. 결혼한 여자가 혼자 뭔가를 하면 '무슨 일 있나?', '부부 싸움이라도 했나?' 하는 사람들의 시선 때문이다. 결혼과 사생활을 병행하는 데는 그렇게 여러 가지 어려움이 도사리고 있다.

내 경우에는 나만의 공간이 없다는 것이 무척 힘들었다. 우리는 신혼 초부터 시부모님과 함께 살았기 때문에 집안 내에서는 혼자만의 시간을 보낼 곳이 전혀 없었다. 특히 나는 기분이 나쁘거나 화가 나면 조용히 입 다물고 있어야 하는 성격인지라 지나치게 친밀한 가족 구성원들이 부담스러울 때도 있었다. 그러나 가족이 함께 거실에 모여 앉아 과일을 먹을 때 혼자 방에 들어가 있으면 '무슨 일 있나' 걱정하는 소리에 부담이 배가되곤 했다. 그래서 결혼 초에는 한번 욕실에 들어가면 최대한 오래오래 혼자만의 시간을 즐기다 나오곤 했다.

결혼을 하고 나면 혼자서 여행하는 일도 거의 불가능해진다. 업무적인 출장을 제외하곤 9년간 혼자 다녀온 여행은 친정에 한 번, 언니네 한 번, 이렇게 딱 두 번이었다. 사람들은 결혼한 사람이 혼자 여행을 하면 뭔가 문제가 있을 거라는 생각에 호기심 어린 시선으로 들여다본다. 또 혼자 어딜 좀 다녀오겠다고 하면 남편이나 시부모님이나 딱히 말리지도 않았을 텐데, 굳이 왜, 어딜 가는지 설명하기가 귀찮아 그냥 입을 다문 내 탓도 있을 것이다.

•• 하나를 얻으면 하나를 포기할 줄도 알라

남자친구들은 가장 먼저 정리해야 할 부분이다. 정리라고 해도 잘 만나던 친구들을 딱 끊고 안 만날 수는 없는 노릇이고, 행여 조금이라도 감정이 있었던 사람이 있다면 말끔하게 정리해야 서로 편하고 주변에서 오해할 가능성도 없다. 부부간에 절대 용서할 수 없는 사생활이 바로 이성관계다. 남편이 싫어하거나 의심을 하는데도 굳이 '단지 친구일 뿐'이라며 고집 부릴 게 아니라, 서로 합의할 수 있는 선에서 적당히 거리를 두는 것이 현명하다.

결혼하고 나면 이렇게 아깝지만 포기해야 할 사생활이 한두 가지가 아니다. 그렇게 과거를 하나둘 지워 가는 것이 왠지 억울하고 손해 보는 느낌이 들 수도 있지만, 하나를 얻으면 다른 하나는 포기할 줄도 알아야 한다. 세상에서 가장 사랑하는 사람과 새로운 인생을 시작했다면 사소한 사생활쯤은 기꺼이 포기하는 각오가 필요하다.

Briefing Chart

하나를 얻으면 하나를 양보해야 하는 것이 세상 사는 이치다. 그가 싫어하는 취미나 습관, 혼자만의 시간과 공간, 생활의 무료함을 달래 주던 남자친구들 모두 결혼할 때 버려야 할 아까운 것들이다. 그 대신 사랑과 가정이라는 멋진 대체물을 얻었으니 그걸로 만족하라.

힘들어도 지켜 줘야 할
그의 사생활

 결혼 초기에는 대부분의 사람들이 서로 호기심과 의심을 갖고 있다. 예를 들어 휴대폰 통화내역이나 문자를 몰래 본다거나 이메일을 훔쳐보는 것 등이 대표적인 사례다. 딱히 의심스러운 것도 아닌데 왠지 궁금하고 꼭 뭔가 있을 것 같은 기분이 들어서다.

그러나 이런 일이 상대에게 발각되면 큰 싸움으로 번질 수 있으므로 각별히 주의해야 한다. 이런 행동은 상대를 의심한다는 표시로 받아들여질 뿐만 아니라, 의부증 같은 심각한 질환으로 확대 해석되어 나에게 불리하게 돌아올 수도 있다.

내가 사랑하는 사람에게 궁금증을 갖는 것은 당연한 일이다. 그런데 특별한 이유도 없이 이런 일을 반복하다 보면 자기도 모르게 습관이 되어 버린다. 왠지 안 보면 궁금하고 '나만 속는 게 아닐까' 하는 생각이 들어 불안감을 가눌 수 없다. 한 사람은 끊임없이 상대를 의심하게 되고, 의심받는 사람은 또 의심받는 대로 화가 나고 불안하다. 또한 배우자에게 믿음을 주지 못하고 있다는 좌절감에 시달려야 한다. 이런 행동은 초반에 잡아야 한다.

내가 아는 한 남자는 결혼 후 3년간 아내가 자신의 휴대전화 통화내역을 받아 보고 있었다는 사실을 알고 이혼했다. 휴대전화가 아내 명의로 되어 있던 터라 그는 그런 일은 꿈에도 생각지 못했다. 휴대전화기 내의 통화내역도 수시로 뒤지곤 했는데, 심지어 의심스러운 번호가 보이면 통화버튼을 눌러 실제로 전화를 거는 행동도 여러 번 했다는 것이다. 다음날 출근하면 직장 동료가 "어제 새벽에 전화했었어?" 하는 일이 종종 있어 전화기에 문제가 있나 생각했는데, 모든 것이 아내의 의심이 빚어낸 행동이었다는 것을 알고 나니 할 말이 없더란다.

• • **시시콜콜 잔소리하지 마라**

내게도 나만의 비밀이 있듯, 남편에겐 그만의 사생활이 있다. 뭔가 숨기는 게 있는 듯해도 특별히 부도덕한 행동을 하는 것이 아니라면 그냥 내버려두는 편이 낫다. 남자들이 숨기는 거라고 해봤자 '야동' 정도가 대부분이고, 게임 아이템 몰래 산 정도가 전부일 것이다. 뭐 심하면 여자가 접대하는 술집에 갔다 온 정도가 아닐까 싶다. 이 정도는 그냥 모른 척 해주는 어른스러움과 너그러움이 필요하다.

나는 남편이 포르노 영화를 보는 걸 처음 알았을 때 '이 사람 완전 변태구나' 싶어 가슴이 덜컥 내려앉았다. 도대체 어떻게 반응을 해야 할지 알 수가 없었다. 버럭 화를 내며 테이프를 갖다 버리자니 너무 오버하는 게 아닐까 싶기도 하고, 모른 척 내버려두자니 왠지 모욕감이 들어 찜찜하기 짝이 없었다. 그러나 시간이 흐르면서 마음을 고쳐먹었다. 그런 테이프를 뺏고 화를 내는 건 선생님이나 부모님의 몫이 아니던가. 이젠 저 사람도 성인이다. 자신의 판단력에 따라 스스로 선택하고 통제해야 한다. 남편에게 잔소리를 하고 싶을 때마다 난 그렇게 되뇐다.

"저 사람은 이미 성인이고, 나는 그의 엄마가 아니다."

이렇게 몇 번 되뇌고 나면 마음이 좀 가라앉는다. 그에게도 사생활이 있고 최대한 보호받을 권리가 있다는 것을 수시로 되새겨 보자. 남편을 놓아주면 편안해지는 것은 정작 나 자신이다.

Briefing Chart

휴대전화와 문자 메시지가 습관화되면서 의처증이나 의부증 때문에 골머리를 앓는 사람들이 많아지고 있다. 딱히 의심스러운 것도 아닌데 채근하고, 상대방의 사생활을 꼬치꼬치 캐묻는다. 두 사람 모두 성인이며, 자기만의 세계가 있음을 받아들이고 최소한의 사생활은 보장해야 서로 숨 쉴 구멍이 생긴다.

내 보호자는
아빠가 아니라 남편

 하나 얘기해 보자. 어느
임신부가 출산이 임박해 산부인과에 갔다. 동행한 사람은 남편과
친정 부모님. 드디어 자기 차례가 되어 진료를 받으러 들어가는
데 보호자가 함께 들어야 할 내용이 있다고 하자 이 임신부 왈,
"아빠! 보호자 들어와 보래!" 했단다. 아빠는 또 아무렇지 않게
"응, 그래" 하며 일어서는데, 그 옆에서 어정쩡하게 일어서다 말
고 '얼음'이 되어버린 남편은 또 뭐냐고요!

결혼은 그렇게 물리적인 부분뿐만 아니라 심리적, 심경적인
부분에서도 많은 변화를 가져온다. 흔히 결혼을 '새로운 인생',
'제2의 출발'이라고 하는데, 직접 살아 보니 모두 이유가 있었음

을 깨닫게 된다. 특히 남편과 내가 가족을 이루고, 내가 시댁의 새로운 구성원이 된다는 점을 하나둘 느끼다 보면 어느덧 시간이 흐르고 결혼생활에 익숙해지는 것 같다.

•• 남자들에겐 은근한 압력이 필요하다

나도 언젠가 병원에서 보호자를 찾는데 남편이 불쑥 일어서니 참 이상한 기분이 들었다. '이 사람이 내 보호자라고? 나이도 나보다 적은데?' 하는 생각이 들어 우습기도 하고 어색하기도 했다. 그렇게 10년쯤 흐르니 이젠 좀 적응이 됐다. 그리고 나이든 아빠가 아니라 젊고 씩씩한 보호자가 있다는 기분 좋은 느낌을 살짝 느끼기도 한다. 이젠 남편이 내 보호자가 된 게 분명한 모양이다. 이런 경험은 남편에게도 색다른 느낌을 주는 것 같다. 병원을 나오면서 "당신이 내 호보자란 말야?" 했더니 갑자기 어깨를 으쓱대며 "몰랐어? 당연하지!" 한다. 알았으면 이제부터라도 말 잘 들으란 듯한 태도다. 간혹 남편에게 이런 의식을 일깨워 주는 것도 좋다. '당신이 내 보호자다, 당신은 나를 보호해야 할 의무가 있다'는 생각을 주입하면 일견 부담스러워 하면서도 자랑스레 가슴에 바람을 집어넣는 것이 남자들이다. 남자들에겐 종종 이런 압력이 필요한 모양이다.

•• 호적 사라지고 가족관계등록부 등장

혼인신고를 할 때 새삼 깨달은 것이 있는데, 여자가 혼인신고를 하면 전에 있던 호적에서 제적이 되고 시댁 호적에 '아무개의

처'로 올라가게 된다. 그건 잘 알고 있었다. 옛날부터 여자들이 시집가는 걸 '호적 파 간다'고 말하는 것도 익히 들어왔다. 그런데 그게 내 본적지까지 달라진다는 뜻인 줄은 미처 몰랐다.

결혼한 뒤에 이력서를 쓰는데, 본적지란에 정말 본 적도 없는 '경기도 어디'로 적어야 하는 일이 발생한 것이다. 그 황당한 기분은 안 겪어본 사람은 모를 거다. 30년 동안이나 내 본적지였던 곳이 갑자기 바뀌다니, 이해할 수 없었다. 이제 우리 집의 호주는 시아버지고, 내 보호자는 남편이 된 것이다.

2008년 1월부터 호주제가 폐지되고 호적법도 많이 달라진다고 한다. 앞으로는 호적 대신 가족관계등록부에 의해 꼭 필요한 인적사항만 기재하게 되고, 아이들이 엄마의 성을 따를 수도 있게 된다. 이혼이나 재혼에 따라 발생하는 아이들의 성이나 보호자 논의 문제도 훨씬 수월해지는 것이다.

Briefing Chart

결혼식장에 아버지의 손을 잡고 입장한 신부는 신랑의 인도를 받아 주례 앞에 선다. 그 순간, 보호자가 바뀌게 된다. 남편에게 이런 의식을 일깨워 주면 일견 부담스러워 하면서도 자랑스레 가슴에 바람을 집어넣는 것을 볼 수 있다. 결혼생활을 원만히 유지하려면 상대에게 적당한 압력과 부담감을 주는 것도 필요하다.

엄마도 좋고 아기도 좋은
계획임신

 좋은 것이면 뭐든 다 해주고 싶어 한다. 남들이 뭐라든 가장 좋은 옷을 입히고 가장 좋은 장난감을 사주고 싶은 것이 엄마들의 마음이다. 또 형편이 닿는 한 최대한 정성을 퍼붓는다.

그러나 이 모든 것들이 아기가 걷고 달리기 시작하면 별 소용이 없다. 아기의 지능이나 인성은 세 살 이전에 거의 결정되기 때문이다. 그 이후의 노력들은 사소한 습관을 바꾸어 주거나 두뇌 깊숙이 자리하고 있는 것들을 발달시키기 위한 자극제일 뿐, 없는 창의성을 만들어내거나 아이의 성격을 뒤바꾸어 놓지는 못한다.

아기들은 뱃속에서 이미 인생의 지도를 그린다. 오감도 차례대로 발달해 엄마를 통해 모든 것을 느끼고 감지한다. 임신 후기가 되면 뇌세포의 70퍼센트가 완성된다. 그래서 건강하고 똑똑한 아이를 원한다면 임신 기간을 즐겁고 건강하게 보내는 것이 중요하다. 이때 가장 기본이 되는 것이 바로 계획임신이다. 아무 계획 없이 아이를 갖게 되면 엄마의 몸이 준비가 안 되어 위험 요소가 많다. 건강한 임신을 위해서는 엄마 아빠 모두 술이나 담배를 끊는 것은 기본이고, 인스턴트 식품이나 자극적인 음식도 피해야 한다. 풍진이나 간염에 대한 항체 검사도 해야 하고, 특히 요즘은 30대 출산이 많으므로 산부인과의 도움을 받을 일도 한두 가지가 아니다.

나도 결혼 10년차에 아기를 가져 지금 출산을 기다리고 있다. 그동안 옆에서는 말도 많고 우려도 많았다. 내 나이도 만만치 않은 데다 남편도 외아들이다 보니 은근히 압력을 넣는 친척들이 적지 않았다. 혹여 몸에 문제가 있나 싶어 용하다는 한의원 전화번호를 쥐어 주는 친척도 있었다.

그러나 우리는 오랜 계획과 철저한 준비를 통해 어렵지 않게 계획임신에 성공했다. 내 나이가 적지 않은 만큼 검사해야 할 것도 많고 조심해야 할 일도 많지만, 그래도 원하는 시기, 원하는 상황에 아이를 갖게 되니 그렇게 좋을 수가 없다. 한창 공부할 때나 사업 일으킨다고 동분서주할 때 아이를 가졌다면 심리적인 부담감 때문에 마음껏 행복해 하지도 못했을 것이다. 계획임신의 중요성은 바로 거기에 있다.

준비 없이 임신을 하면 경제적인 타격도 만만치 않다. 임신과 출산에 따른 의료비도 만만치 않고, 입덧을 비롯한 온갖 임신증후군 때문에 정상적인 직장생활이 어려워질 수 있기 때문이다. 이렇게 되면 수입은 줄어들면서 지출은 증가하는 불균형한 가계 구조가 만들어진다. 또 모든 것이 임신과 아이를 중심으로 돌아가야 하기 때문에 두 사람의 라이프사이클에도 변화가 생긴다.

이런 예기치 못한 변화들은 부부 모두에게 스트레스로 작용한다. 임신 자체는 기쁘고 즐거운 일이지만 여기서 파생되는 문제들이 스트레스를 일으키는데, 스트레스야말로 아이에게 가장 나쁜 요소로 작용한다. 임신 12~16주에 엄마가 스트레스를 심하게 받으면 아기의 성 정체성에 혼란이 올 수도 있다고 하니 얼마나 무서운 일인지 알 만하다.

아기에게 중요한 것은 엄청난 태교와 값비싼 출산 준비물이 아니다. 세상에 가장 행복한 아기는 엄마 아빠의 축복과 기다림 속에서 태어나는 아기라는 점을 명심해야 한다.

Briefing Chart

아기들은 뱃속에서 이미 인생의 지도를 그린다. 강하고 똑똑한 아이를 원한다면 임신 기간을 즐겁고 건강하게 보내는 것이 가장 중요하다. 그 기본이 되는 것이 계획임신이다. 아이를 맞이할 충분한 준비를 갖추고 행복한 마음으로 아이를 기다려야 엄마와 아이 모두 행복해진다.

서울에 집 한 채 있고
연봉 5천만 원 정도면
괜찮은 남자라 생각했건만...
이건 사기결혼이야~~
머리아퍼
아야야...
두 시어머님
48개월 할부
중형자동차
전세대출 신혼집
101
난 분명 결혼 전에
이야기 다 했는데...
시댁 대출원금, 이자
제외하고 들어오는 월급

진짜 헷갈린다면
일단 미루는 게 낫다

날짜 잡고 예식장 예약했다고 해서 꼭 결혼해야 하는 것은 아니다.

청첩장 다 돌리고 난 뒤에도, 심지어 결혼식 당일 아침이라도 아닌 결혼은 뒤집는 편이 낫다.

부모님 체면도 구기고 두 사람에게 남는 상처도 적지 않겠지만,

'이건 아닌데……' 하면서도 차마 파혼할 수 없어 결혼했다가 이혼하면 상처는 훨씬 커진다.

두 집안이 걸린 인륜지대사인 만큼 신중에 신중을 기해야 한다.

그가 의심스럽거나 결혼 결정이 후회된다면 분명히 짚고 넘어가야 한다.

어쨌거나
이혼보다는 파혼이 낫다

결혼을 앞두고 갈등이 점점 커진다면 처음부터 다시 생각해야 한다. 벌써 예식장도 예약했고, 신혼집도 얻었고, 살림살이도 절반 넘게 배달되어 왔다. 이번 주말쯤이면 청첩장도 도착할 것이다. 그런데 이즈음 결혼을 다시 고려해 봐야 할 결정적인 문제가 발생했다면 어떻게 해야 할까?

이럴 때 여자들은 주로 울고 싸우고 괴로워하며 시간을 끄느라 결혼식 날 아침까지 갈등한다. 그러고는 단지 '그만두기엔 일이 너무 커져서' 또는 '취소하기에는 너무 늦어서'라는 이유로 결혼식장에 들어선다. 이 얼마나 바보 같은 짓이란 말인가. 다른 사람들 눈이 무서워서, 돌이키기에는 일이 너무 복잡해져서 자기 자신을 진흙탕 속으로 밀어 넣는 것과 같다.

이미 엎질러진 물이라고 생각하지 말자. 흔히들 결혼식장에 들어가 봐야 안다고 하지 않던가. 결혼식장에 들어서기 전에는 어떤 일이든지 일어날 수 있는 법이다.

문제는 여러 가지가 있을 수 있다. 알고 보니 이미 결혼 경력이 있는 사람, 결혼은 안 했지만 아이가 있는 사람, 부모님이 친부모가 아니고 입양된 사람, 학력이나 직업을 속인 사람, 아직까지 양다리를 정리하지 못한 사람 등 내가 보고 들은 경우만 해도 기가 막힌 일들이 정말 많았다. 특히 문제가 되는 것은 폭력적인 사람, 주사가 심한 사람, 유전병에 대한 가족병력이 있는 경우 등인데, 뒤늦게야 이런 사실을 알게 되었다면 신중하게 파혼을 고려해야 한다.

이때 남자는 "속일 생각은 없었다. 말하기 힘들어서 차일피일 미루다 보니 이렇게 되었다. 미안하다"며 눈물을 흘린다. 그러나 여자 입장에서 보면 완전히 사기 결혼이다. 자신에게 어떤 심각한 문제가 있든 배우자는 미리 알고 있어야 한다. 아니, 문제가 있을수록 배우자에게 제일 먼저 고백해야 한다. 가만히 있다 다른 사람의 입을 통해 비밀이 탄로 나면 되돌리기 어렵게 된다.

•• 이혼보다는 파혼이 백번 낫다

문제의 소지가 있는 줄 알면서도 파혼하기가 두려워 결혼을 강행하는 것만큼 무모하고 미련한 짓도 없다. 아무 문제가 없던 부부도 언제 이혼할지 모르는 게 요즘 세상인데, 처음부터 받아들이기 어려운 문제를 안고 출발하는 경우라면 차라리 파혼을 선택하는 것이 낫다.

파혼과 이혼은 전혀 다르다. 결혼 전에는 파혼만은 절대 안 되고, 집안 망신이라고 생각한다. 또 다 준비한 결혼식을 취소하는 일도 쉽지 않다. 이미 들어간 비용도 적지 않은 데다 그 뒷정리만 해도 만만치 않은 일이다. 무엇보다 이미 청첩장을 다 돌렸는데, 결혼식이 취소됐다고 전화를 돌리기도 번거롭고 창피하다.

그러나 남의 눈 의식하며 주저할 때가 아니다. 결혼했다 이혼하면 본인은 물론, 부모님께도 큰 상처를 남기게 된다. 경제적 손실도 파혼 때와는 비교가 안 된다. 아직 결혼식을 올리지 않았다면 되돌릴 수 있는 기회는 얼마든지 있다. 문제가 있다면 부모님과 의논해 신중하게 결정하는 것이 좋다.

거짓말이 하나도 없는
결혼은 불가능하다?

 말이긴 한데, 거짓말이 하나도 없는 결혼은 불가능하다고 한다. 결혼 전에 상대의 조건과 장단점을 모두 알아야 한다고 생각하는 나로서는 받아들이기 어려운 이야기다. 물론 남의 사정 속속들이 알고 보면 문제없는 집 없으니, 서로 적당히 가릴 것은 가리고 모른 척할 것은 모른 척하는 것이 좋다는 얘기일 것이다. 그러나 상대가 꼭 알아야 할 중요한 문제를 숨기거나 왜곡하면 사기 결혼이 될 수도 있다. 이는 이혼뿐만 아니라 소송으로까지 이어질 수 있는 심각한 문제다. 결혼은 솔직하게, 자신의 모든 것을 드러내 놓고 서로 심판과 선택을 받는 결정이어야 한다.

어떤 문제가 있는데 당사자 두 사람은 충분히 이해하고 공감하지만 양가 부모님이 받아들이지 못하는 경우, 두 사람이 현명하게 처신하면 큰 무리 없이 넘어갈 수도 있다.

예를 들어 학력 문제가 그렇다. 요즘은 학력에 대한 차별이 많이 없어졌지만 아직도 '4년제 대학 나온' 사위나 며느리 찾는 부모님들이 적지 않다. 그러나 두 사람에겐 학력이 아무 문제도 안 되고, 학력과 아무 상관 없는 일을 하고 있다면 굳이 떠벌릴 필요 없이 두루뭉술하게 넘어가면 된다. 요즘 허위 학력 때문에 이런저런 사회문제가 생기고 있지만 장모가 사위 대학 졸업장 보자고 덤비거나 시어머니가 며느리 졸업앨범 보자고 할 일은 없기 때문이다.

나만 해도 대학 졸업앨범이나 당시의 사진들이 모두 친정에 있다. 우리 시어머니도 내가 우수한 성적으로 대학을 졸업했다고 하니 그러려니 하시지, 당신 눈으로 그 증거를 직접 보신 일은 없는 셈이다. 그러니 누가 묻지도 않는데 서둘러 자신의 단점을 까발릴 필요는 없다는 얘기다.

•• **직업을 속여 가며 결혼하는 사람도 있다?**

직업을 속여서 결혼하는 사람도 종종 있다. 내가 오래 전에 들은 한 이야기는 정말 황당했다. 여상을 졸업하고 열등의식에 사로잡혀 있던 어떤 여자가 어느 날 속기학원에 등록했다고 한다. 얼마간 시간이 흐른 뒤 자격증 시험에 합격해 법원에 속기사로 취직을 했다고 하더란다. 그런 줄만 알고 중매를 통해 결혼을 했는데, 나중에는 청와대로 자리를 옮겼다고 하고, 또 시간이 흐르니 중앙정보부에서 일한다고 했다는 것이다. 물론, 속기사 자격증 취득부터 그 뒷이야기 전부가 거짓말이었다.

작년에도 이런 식의 신분 사칭으로 사기를 치던 여자가 구속되었다는 뉴스를 본 적이 있다. 이 간 큰 여자는 청와대 직원을 사칭해 남의 돈까지 끌어다가 남는 시간을 때우려고 대학까지 다녔다고 한다. 상식적으로 생각해서 이런 거짓말이 정말 가능할까 싶다. 그런데도 이런 이야기가 한두 건이 아닌 걸 보면 세상에는 정말 황당한 일들이 비일비재한 것 같다.

그러나 직업을 속이거나 애매하게 얘기해서 상대에게 혼란을 주는 것은 결혼 이후에 큰 문제로 이어질 가능성이 크다. 경제적인 부분, 사회적 지위나 신분 등에 대해서만은 절대 거짓이 있어서는 안 된다.

• • 믿음이 깨진 관계로 결혼을 유지하기는 힘들다

결혼을 앞두고 이런 거짓이 드러나면 적잖은 갈등을 겪게 될 것이다. 서로 용인할 수 있는 수준을 넘어선 거짓말은 결혼의 진실성 자체를 오염시킬 수 있다. 또 한두 가지쯤 속이는 게 그렇게 큰 일이냐고, 아무렇지도 않게 생각하는 사람에게는 분명 문제가 있다. 단지 좋은 조건으로 보이기 위해, 멋져 보이기 위해 꼭 필요한 것도 아닌 크고 작은 거짓말을 늘어놓는 사람이라면 혹시 거짓말이 습관은 아닌지 살펴봐야 한다.

습관적으로 거짓말을 하는 사람과는 신뢰감 있는 결혼생활을 영위해 나가기 힘들다. 결혼을 유지해 주는 본질적인 힘은 상호 간의 믿음이기 때문이다. 일단 믿음이 깨진 사이를 얼기설기 붙들어 맨다고 해서 얼마나 튼튼할 것이며, 또 얼마나 오래갈 것인가. 무리해서 결혼을 강행하는 것보다 이 결혼 결정이 정말 잘된 것인가부터 따져 보아야 한다.

Briefing Chart

두 사람이 만나면 어느 한쪽은 기울게 마련이고, 한두 가지 단점은 드러나는 법이다. 그러나 두 사람 사이에서 미리 합의하고 양해했다면 굳이 양가에 알려 일 복잡하게 만들 것 없다. 서로 믿음을 깰 정도로 큰 거짓말이 개입되어서는 안 되겠지만, 결정적인 흠집이 아니라면 서로 살짝 눈 감아 주는 배려도 필요하다.

 Part 7 • 진짜 헷갈린다면 일단 미루는 게 낫다

복잡한 가족관계가
드러나기 시작했다

 날짜를 잡고 시댁에 인사를 드리러 갔더니 시어머니가 이해하기 어려운 이야기를 했다. 아들을 앞에 앉혀 두고 "너희 어머니가……" 하지를 않나 "강릉 어머니는……" 하지를 않나, 어느 어머니를 가리키는지 알 수 없는 이야기가 속닥속닥 오고가는 것이었다.

남자친구는 가시방석에라도 앉은 듯 몸을 비비적거리며 자꾸 일어서려고만 했다. 그래서 문제가 있다 싶어 집에서 나오자마자 다그쳐 물었더니, 지금 어머니는 자신의 생모가 아니라는 것이었다. 강릉어머니라는 분이 아버지의 정식 부인이고, 자신의 생모는 따로 있는데 자기가 중학교 1학년 때 다른 사람과 결혼을 했다는 것이다. 그러니 그날 인사드린 분은 아버지의 세 번째 부인이라는 얘기였다. 여자는 너무도 황당하고 어이가 없었다. 복잡한 가정사도 문제일 뿐만 아니라 1년 넘게 사귀고 결혼식 날짜를 잡도록 그런 얘기를 숨겼다는 것도 받아들일 수가 없었다. 두 사람은 일단 결혼을 미루고 당분간 시간을 갖기로 했다.

•• 그 사람 탓은 아니지만 그가 감당해야 할 몫

이런 일은 사실 자신의 잘못 탓에 빚어진 일은 아니지만, 어쨌거나 그 자신이 감당해야 할 몫이다. 결혼을 염두에 두고 봤을 때 집안 내력으로도 아주 안 좋은 경우라고 할 수 있다. 특히 친정 쪽 가족이 알면 용납하기 어려운 일이다.

이혼이나 사별을 하고 재혼한 것이라면 그나마 큰 문제될 게 없지만, 이 경우는 전혀 다른 문제였다. 그는 아버지와 강릉어머니의 호적에 올라 있고, 살기는 서울어머니와 살고 있으며, 자신의 진짜 어머니는 다른 사람과 결혼해 거의 왕래가 없다는 것이었다. 본처와의 결혼을 유지한 채 아내를 두 명이나 더 둔 시아버지도 그렇고, 자칫 잘못하면 시어머니를 세 명이나 모셔야 될 상황도 어이가 없었다. 또 정상적인 가정에서 성장하지 못한 남자친구에게 문제가 있을지도 모른다는 생각도 들었다. 처음부터 이런 문제를 대강이라도 알고 있었다면 그나마 충격이 덜했을 텐데, 시댁에 인사드리러 간 자리에서 갑작스럽게 이런 이야기가 불거져 나오니 속은 느낌이 들고, 이 사람을 어디서 어디까지 믿어야 할지 종잡을 수가 없었다는 것이다.

이런 문제 때문에 갈등한다면 신중하게 다시 한 번 생각해 봐야 한다. 이런 아버지 밑에서 자란 아들은 '절대 아버지처럼 살지 않겠다'고 하면서도 아버지의 인생을 반복하는 경우가 많다. 그게 바로 그 지긋지긋한 '인생유전'이다.

이런 선입견이 당사자에게는 상처가 될 수도 있겠지만, 주변을 둘러보면 이런 경우가 너무 많아 무시할 수만은 없다. 길을 막고 물어봐도 백이면 백, 일단 결혼을 미루고 다시 생각해 보라고 할 것이다. 게다가 여자의 부모님이 아시면 하늘이 두 쪽 나도 절대 허락할 수 없는 결혼이다.

어른들이 반대하는 결혼에는 다 그만한 이유가 있다. 오랜 세월 살면서 얻은 경험과 지혜가 사랑하는 딸의 인생을 지키기 위해 동원되는 것이다. 너무 냉정하다거나 야속하다고 생각하지 말고, 그로 인해 벌어질 수 있는 모든 문제들을 꺼내 놓고 진지하게 고민해야 한다.

Briefing Chart

처음에는 몰랐는데 갈수록 복잡한 집안 사정이 드러나는 사람이 있다. 부모님들이 저질러 놓은 일이 그 사람 탓은 아니지만 그가 감당해야 할 몫이고, 결혼하고 나면 내가 감당해야 할 문제다. 인생유전의 고리는 끝없이 이어지며 반복되기 때문에 사랑을 빌미로 모든 것을 덮을 수는 없다.

몰랐던 빚이
자꾸만 불거져 나온다

앞에서도 잠깐 얘기한 적이 있는데, 처음에 빚이 3,000만 원이라고 해서 갚아 줬는데 알고 보니 3,000만 원이 더 있고, 결혼해서 보니 결혼 비용과 신혼집 전세금도 돈을 빌려다 쓴 것이더라는 이야기는 그리 드문 얘기가 아니다.

결혼 전에 두 사람의 자산과 부채 현황을 솔직하게 털어놓지 않는 사람들은 분명히 나중에 "직장생활이 몇 년짼데, 어쩜 그렇게 모아 놓은 것이 없냐"거나 "도대체 카드는 어디에 얼마나 쓴 거냐"라는 얘기를 주고받으며 싸울 일이 생긴다. 경기가 워낙 어려우니 빚 없는 사람이 별로 없다고는 하지만, 특별한 이유 없이 여기저기 빚을 쌓아 놓은 사람은 여자든 남자든 분명 문제가 있다.

•• 분수에 넘치는 투자도 빚으로 간주하라

돈이 없거나 빚이 있는 것 자체가 문제라고 할 수는 없다. 그러나 개념 없이 빚을 벌여 놓은 생활 자세에는 분명히 문제가 있다. 게다가 그런 사실을 숨기려다 들통이 난 경우라면 더욱 큰 문제다. 빚이 있으면 아무리 적금을 하고 알뜰하게 생활한다 하더라도 남는 것이 없다. 말 그대로 '앞으로 남고 뒤로 밑지는 장사'가 되는 것이다.

또 정말 괜찮은 부동산이 있다거나 며칠만 버티면 한몫 크게 챙길 수 있는 주식이라는 얘기에 적금 깨고 빚까지 얻어서 투자를 하는 사람도 있다. 다른 사람들의 감언이설에 넘어가 분수에 넘치는 투자를 하는 것 자체가 미련한 짓이다. 노력한 이상의 행운이 뚝 떨어지기를 바라는 것은 어쩌다 한 번 복권을 샀는데 우연히도 그날 밤 딱 맞아떨어졌다는 것만큼이나 비현실적인 일이다.

•• 문제는 빚이 아니라 빚을 만든 자세에 있다

빚의 종류가 무엇이든 다를 바가 없다. 슬금슬금 쌓여서 한 달 월급 수준을 훌쩍 넘긴 카드 대금, 0원을 넘은 적이 없는 마이너스 통장, 적금을 담보로 한 은행대출, 보험회사에서 받은 고리의 약관대출, 친구에게 빌려서 주식에 투자한 돈, 심지어 사채회사까지 안 가 본 곳이 없다면 사랑이고 뭐고 처음부터 다시 생각해 봐야 한다. 자신의 경제력 범위를 벗어나 생각 없이 빚을 벌여 놓은 사람이라면 분명 결혼생활의 책임감을 훌륭히 완수할 만한 능력이 없을 것이라고 판단해야 한다.

또 얼굴도 못 본 그 돈을 함께 갚으며 결혼을 유지하려면 상상 이상으로 힘이 들 것이다. 빚을 갚는다는 것은 돈을 버는 즐거움과 보람을 반에 반으로 줄여 버린다. 돈을 버느라 힘이 들어도 다달이 조금씩 모아 가고 또 연차가 쌓이다 보면 재산이 불어나는 재미에 버티는 것인데, 버는 족족 '밑 빠진 독에 물 붓기'라면 도무지 일할 기운이 날 턱이 없다. 또 그런 식으로 정력을 허비하다 두 손을 들면 결국 인생을 스스로 갉아먹은 꼴밖에 안 되는 것이다. 그의 빚의 규모가 어느 정도인지, 한 달에 최대한 얼마씩 갚을 수 있는지, 그러면 어느 정도 시간이 흘러야 빚에서 벗어날 수 있는지 등을 구체적으로 생각해 보고 현실적인 결론을 내리는 편이 좋다.

Briefing Chart

결혼 상대자에게 상식적으로 이해할 수 있는 수준 이상의 빚이 있다면 진지하게 결혼을 재고해야 한다. 상대의 빚이 얼마나 되느냐 못지않게 어쩌다가 빚을 얻었느냐도 중요한데, 그의 생활 태도가 분수에 맞지 않게 방만하거나 '묻지마' 투자 성향이라면 결혼생활 자체가 위험할 수도 있다.

아무래도 그의 섹스 성향이 의심스럽다

 너무 모르는 것도 흠이 될 수 있는 섹스. 남자가 조금만 과감하게 나오면 무슨 난리라도 난 듯 호들갑 떠는 여자도 문제고, 남자들보다 더 노련하게 리드해 가며 남자의 기술 부족을 탓하는 여자도 문제다.

여자들 중에는 섹스 문제에 영 젬병인 사람이 많다. 그러다 보니 어떤 것이 정상인지, 어떤 것이 소위 '변태'인지 전혀 감을 못 잡는 여자들도 많다. 그러나 섹스란 두 사람이 모두 만족하기만 하면 어떤 형태로 흘러가건 큰 문제가 없다.

물론 어느 한쪽이 상대가 받아들이기 힘든 독특한 성향을 갖고 있다면 관계를 유지하기 어렵다. 특히 결혼을 앞두고 상대의 섹스 성향에 반감을 갖게 된다면 신중하게 결혼을 재고해 봐야 한다. 결혼과 섹스는 떼려야 뗄 수 없는 관계이기 때문이다.

•• 성적 취향은 하루아침에 바뀌지 않는다

섹스 성향은 하루 이틀에 변하는 것이 아니다. 성적 취향이란 대부분 유아기 때부터 사소한 경험들이 수십 년간 쌓이면서 결정되기 때문이다. 상대의 성향이 의심스러울 때는 우선 자신이 너무 보수적이거나 무지한 것은 아닌가부터 점검해 봐야 한다. 오럴섹스를 변태로 치부하는 여자 때문에 고민하는 남자도 있고, 정상위 외에는 어떤 체위도 거부하는 여자 때문에 힘들어하는 남자 얘기도 들은 적이 있다. 또 반대로 여자가 너무 '밝혀서' 정이 떨어져 버렸다는 남자들도 종종 있다. 이 정도의 무지나 보수성은 서로 솔직하게 대화하고 편안한 분위기에서 적응해 가다 보면 어느 정도 극복할 수 있다.

그러나 아무래도 그의 성향이 정상적인 수준을 벗어나 있다고 생각되면 과감하게 거절할 줄 알아야 한다. 어떤 주부는 결혼 15년 만에 남편이 게이라는 사실을 알고 이혼했다고 한다. 아내는 아내대로, 남편은 또 남편대로 얼마나 힘든 시간을 보냈겠는가. 남편이 스와핑과 그룹섹스에 빠져 이혼한 부부도 본 적이 있고, 마조히즘 성향 때문에 이혼한 부부 얘기도 들은 적이 있다. 또 섹스를 불결하게 생각해서 아예 거부하는 사람도 있다. 십인십색, 사람마다 다른 것이 섹스 성향인 만큼 서로 솔직하게 얘기하며 해답을 찾아야 한다.

조금 다른 경우로, 섹스 자체에 문제가 있는 남자도 있다. 내가 아는 후배 하나는 남자친구의 고질적인 임포텐츠_{발기불능} 때문에 결혼을 포기했다. 두 사람은 만나자마자 사랑에 빠졌는데, 이 남자는 오래 전부터 임포텐츠 때문에 결혼을 포기한 상태였다. 후배는 남자친구와 함께 병원에 가서 이런저런 검사도 받고 몇 가지 해결법을 제안 받아 시도해 보기도 했다. 그러나 남자의 몸에는 아무 문제가 없다는 결과가 나왔다. 단순히 심리적인 문제라는 것이었다. 이 후배는 남자친구에게 신경정신과 상담을 받아 보자고 부탁했지만 결국 이 남자친구가 먼저 떠나 버리고 말았다.

사실 결혼생활이 길어지다 보면 섹스 자체가 그리 큰 비중을 차지하지는 않는다. 둘 다 일에 지쳐 피곤하고 아이들 뒤치다꺼리에 잠잘 시간도 부족하니 부부가 로맨틱한 시간을 가지기란 여간 어려운 일이 아니다. 그러나 섹스는 포기할 수 없는 즐거움 중 하나다. 또 아이를 가지려면 원활한 부부관계를 유지해야 한다. 섹스가 둘이 함께 즐거운 시간을 보내는 수준을 넘어선다면 일단 믿을 만한 친구나 선배들에게 조언을 청해 보는 것도 좋다.

Briefing Chart

결혼과 섹스는 떼려야 뗄 수 없는 관계이기 때문에 섹스에 문제가 있다면 결혼은 어려워진다. 두 사람 사이의 섹스 트러블이 대화를 통해 개선해 나갈 수 있는 수준인지, 치료를 받아야 하는 문제인지, 그것도 아니면 절대 합일점을 찾을 수 없는 문제인지 분명히 하고 그에 따라 처신해야 한다.

폭력성이 엿보인다면
진지하게 재고하라

"맞을 짓을 했으니 맞았겠지." 종종 이런 말을 듣는다. 남편에게 대들다가 맞았다거나, 심지어 남자 친구에게 맞았다는 여자도 있다. 사람이 사람에게 맞을 짓이란 없다. 어떤 중대한 잘못을 했다면 경찰서로 가야지, 화가 난다고 감정을 절제하지 못하고 상대를 때려서는 안 된다. 특히 남자가 여자에게 폭력을 휘두른다는 것은 어떤 이유에서건 절대 용납할 수 없다. 남자가 오죽 못났으면 여자를 힘으로 다루려 하겠는가.

어떤 일이 있어도, 설사 바람피우다 현장에서 딱 걸리는 일이 있더라도 맞아서는 안 된다. 또 이유야 어떻든 자신을 때린 사람을 용서하고 받아들여서도 안 된다.

•• 폭력은 고칠 수 없는 성격이고 습관이다

사람을 때리는 것도 성격이고 습관이다. 잘못했다고 아무리 싹싹 빌고 사과를 하더라도 정말 마음 단단히 먹고 두 사람 관계를 처음부터 다시 생각해 봐야 한다. 울면서 무릎 꿇고 비는 남자일수록 더 지독한 습관성 폭력의 소유자일 가능성이 높다.

또 사람을 직접 때리진 않더라도 화가 나면 테이블을 뒤엎거나 물건을 집어던지는 등 폭력성을 드러내는 사람이 있다. 이들도 위험하기는 매한가지다. 차마 사람을 때릴 수는 없어서 물건을 집어던지는 것인데, 이런 사람과 함께 살면 집안 살림살이가 남아나지 않는다. 이런 식의 싸움이 반복되다 보면 사람을 향해 물건을 던지는 일도 예사로 벌어질 것이다.

•• 남편의 폭력은 자녀의 미래까지 망친다

폭력은 그 자체로도 나쁘지만, 화를 자제하지 못하는 나약한 의지가 더 큰 문제다. 이런 사람들은 직장생활을 진득하게 하지도 못하고 다른 사람을 따뜻하게 배려할 줄도 모른다. 폭력성은 그에 부합하는 많은 문제들과 유기적으로 연결되어 있다는 것을 명심해야 한다.

전에 살던 아파트 이웃 중에 남편에게 맞고 사는 할머니가 한 분 계셨다. 그 집 할아버지는 술만 마시면 온 동네가 쩌렁쩌렁 울리게 소리를 질러대고 심지어 그릇 같은 걸 집어던져 할머니가 다쳐 앰뷸런스가 달려온 적도 있었다. 경비실에서 난리를 치고 경찰이 와서야 진정된 일도 한두 번이 아니었다.

보아하니 이 할머니는 평생을 그렇게 살아온 것 같았다. 그런데 더 어이없는 것은, 이 집 딸도 번번이 남편에게 맞고 와서 며칠씩 지내다 간다는 것이었다. 이 할아버지는 마흔이 다 되어 가는 딸에게도 욕을 하고 물건을 던진다고 했다. 이 딸은 아버지의 폭력을 지겹도록 보아 왔을 텐데 또 똑같은 사람에게 시집을 가 어머니의 삶을 되풀이하고 있었던 것이다.

아버지가 어머니에게 폭력을 가하고 자녀들에게 욕설을 퍼붓는 집에서 정상적인 결혼관을 가진 아이들이 나올 리 없다. 폭력적인 남편을 용인하고 받아들인다는 것은 나는 물론, 내 아이들에게까지 악영향을 미치게 될 것이란 점을 명심하고 단호한 결단을 내려야 한다.

Briefing Chart

남자가 여자를 상대로 폭력을 휘두른다는 것은 어떤 이유에서건 절대 용납할 수 없는 일이다. 어떤 일이 있어도 맞아서는 안 되며, 또 자신을 때린 사람을 용서하고 받아들여서도 안 된다. 폭력은 그 자체로도 나쁘지만 나중에 태어날 아이들의 미래까지 망친다는 것을 명심해야 한다.

'돌싱'들에게 배우는
타산지석의 지혜

이혼율이 높아지면서 생긴 말 중에 '돌싱'이라는 말이 있다. '돌아온 싱글'이라는 뜻의 신조어다. 돌싱들은 결혼과 이혼이라는 힘겨운 시행착오를 직접 겪어본 사람들이므로 그들에겐 남다른 지혜가 있다. 결혼을 앞두고 어려움이 있을 때는 그들과 상담을 해보면 큰 도움을 받을 수 있다.

물론 이혼이라고 해서 다 같은 이혼이 아니다. 순전히 자기가 바람나서 이혼을 당한 경우에는 별로 배울 게 없다. 그러나 힘겹게 결혼생활을 유지하다가 어쩔 수 없이 실패를 인정한 사람들이라면 삶의 아픔과 애환을 통해 크게 성숙해져 있을 것이다. 그들에게선 늘 삶의 지혜를 들을 수 있다.

•• 아무리 쿨해도 상처 없는 이혼은 없다

결혼 8년 만에 이혼을 한 여자 선배가 한 명 있다. 남편과 시어머니 때문에 오랫동안 마음고생을 했던 터라 옆에서 보는 내 마음이 다 후련할 지경이었다. 이 선배도 매우 홀가분해 보였다. 그러던 어느 날, 이 선배를 만나 이야기를 나누는데 선배의 눈에서 정말로 주먹만한 눈물방울이 뚝뚝 떨어지는 것이 아닌가. 그 선배왈, "아무리 쿨한 이혼이라도 상처 없는 이혼은 없다"고 한다.

이혼한 뒤에도 여전히 친구로 지내는 사람들도 있고, 다시는 안 보고 어디서 살았는지 죽었는지도 모른 채 살아가는 사람들도 있다. 이혼 사유도 가지가지여서 어느 한쪽이 바람을 피운 집도 있고, 외아들에 홀시어머니 때문에 참을 수 없어 이혼한 집도 있다. 남편이 쫄딱 망해서 친정 돈까지 전부 끌어다 쓴 뒤에 여자 명의로 빚까지 잔뜩 진 채 갈라선 집도 있고, 한 5년쯤 살다 보니 아무 이유 없이 상대가 너무 지겹고 사는 게 재미 없어서 그만 헤어지기로 했다는 집도 있다. 그러나 어떤 경우든 이혼에는 아픔이 따르게 마련이다. 서로 조용히 합의 보고 마무리하면 그나마 낫겠지만, 아이나 재산 문제로 소송이 진행되고 법정에서 얼굴 보게 되면 두고두고 좋을 게 없다.

•• 성공한 선생보다 실패한 선생이 배울 게 많다

그래서 돌싱들에겐 결혼에 대한 지혜와 철학이 생긴다. 주변에 돌싱이 있다면 선생님으로 모시고 이런저런 얘기를 청해 보는 것도 도움이 된다. 선생으로야 실패한 선생보다는 성공한 선생이 배울 게 많다지만, 인생의 쓴맛은 안 겪어본 사람은 모르는 법이다.

　40년을 남편 품에 안겨 투정이나 부리고 돈이나 쓰며 행복하게 살아온 '사모님'을 만난 적이 있는데, 의외로 세상살이에 미숙하고 인생의 깊은 맛을 모르는 것을 보고 깜짝 놀란 일이 있다. 동사무소에서 등본 한 번 제 손으로 떼어 본 적이 없는 사람이었으니 남편에게 애교 부리는 법 외에는 배울 게 없었다.

　그렇다고 해서 돌싱들을 위로하거나 동정할 필요는 없다. 또 굳이 자신의 사랑이나 행복을 감출 필요도 없다. 그들은 이미 우리보다 훨씬 더 강하게 단련되어 있고, 새로운 삶의 지표를 분명히 갖고 있다. 그들이 겪은 시행착오를 타산지석으로 삼아 결혼의 교훈으로 삼는다면 다른 어떤 과외보다 값진 공부가 될 것이다.

Briefing Chart

'돌싱'들과 이야기를 나누다 보면 뜻밖의 삶의 지혜를 만날 수 있다. 사람은 삶의 아픔과 애환을 겪는 동안 크게 성숙해지기 때문이다. 이혼에는 갖가지 이유가 있겠지만 어떤 경우든 아픔이 따르게 마련이다. 주변에 돌싱이 있다면 선생님으로 모시고 이런저런 얘기를 청해 보자.

옛말 그른 것 없다는
진리 중의 진리

나는 아직 40년도 채 못 살았지만, 살아
갈수록 '옛말 그른 것 없다'는 진리를 절감하고 있다. 결혼에 대
해서는 더욱 그렇다. 속담이나 격언 속에 배어 있는 선조들의 지
혜를 곰곰이 곱씹어 보면 그 맛이 참으로 신묘하다.

특히 결혼에 관한 속담 중에 '모르는 상 혼사보다 잘 아는 중
혼사가 낫다'는 말만큼 현실적인 명언도 없는 것 같다. 수십 년간
절친하게 지내 온 친구가 사돈하자고 졸라대는 걸 그 집 아들이
양에 안 찬다고 굳이 마다하고, 잘나간다는 뚜쟁이에게 맞선자리
를 소개 받아 부잣집으로 딸을 시집보낸 사람이 있었다. 그런데
나중에 알고 보니 그 시아버지가 못 말리는 술주정뱅이에 정신분

열증까지 앓고 있더란다. 괜한 욕심에 딸내미 마음고생만 실컷 시키게 된 꼴이다.

한편, '부모가 반 팔자'라는 말도 있다. 서울대 입학생 중 10퍼센트 이상이 서울 강남권 아이들이고, 그중에서도 인기 학과는 20퍼센트를 넘어선다고 한다. 이런 얘기를 들으면 요즘처럼 이 말이 딱 들어맞는 시절도 없다는 생각이 절로 든다. 요즘 아이들은 부모의 투자를 먹고 자란다. 너무 사랑만 좇아 결혼하면 나중에 아이들까지 이유도 모르고 고생스럽게 커야 할지도 모른다는 사실을 되새겨야 할 듯하다. 꿈만 같아 보이던 결혼생활은 사실 비천하고 빠듯한 현실 속에서 이루어지는 것이기 때문이다.

결혼과 가정에 관한 속담은 수도 없이 많다. 수백, 수천 년을 이어온 이 속담과 격언들 속에는 우리 민족의 정서와 인간관계의 진리가 담겨 있다. 그래서 옛말 그른 것 없으니 어른들 말 들으라는 얘기들을 하는 것이다. 문제에 부딪쳐 쉽게 답을 얻을 수 없을 때는 어른들께 의논해 보는 것이 가장 좋다. 특히 결혼 같은 중대한 결정을 내릴 때는 현명한 어른들의 조언을 청해 듣는 것이 큰 도움이 된다.

부모님과 선배, 선생님처럼 진심으로 내 행복을 바라는 어른들과 의논하면 '비록 내 마음에는 안 들더라도 내 인생에는 약이 되는' 좋은 답을 얻을 수 있을 것이다. 이런 삶의 지혜는 많이 배운 사람이든 못 배운 사람이든 상관이 없다. 수십 년을 살아오면서 보고 듣고 직접 겪은 생활 속의 지혜야말로 살아 있는 진리이기 때문이다.

옛말 그른 것 없다. 아무래도 답이 안 나올 때는 어른들과 의논하고 수세기 동안 전해 오는 명언들에서 조언을 구하는 것이 좋다. 진심으로 내 행복을 바라는 어른들과 의논하면 입에는 쓰더라도 병에는 약이 되는 좋은 답을 얻을 수 있을 것이다.